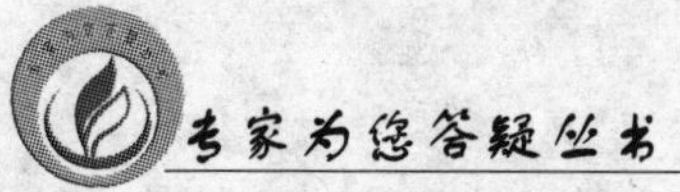

茄子生产关键技术百问百答

程智慧　孟焕文　陈书霞　张丽华　周艳丽　编著

中国农业出版社

目　录

六、生长发育障碍及其预防 …………………… 182

七、病虫害防治 …………………………………………… 193

一、茄子对环境条件的要求

1. 茄子生长发育对环境条件有哪些要求？

茄子生长发育和产品器官形成，都要在一定的环境条件下才能进行。在茄子生产中，必须了解各种环境条件对茄子生长发育的影响，才能正确采用优良的栽培技术，创造适宜的环境条件，来控制其生长发育，达到高产优质的目的。茄子要求的环境条件包括温度、光照、水分、气体、土壤和营养条件等。茄子具有喜温、喜光、耐肥及半耐旱的生物学特性。在气候温暖、阳光充足、阴雨天少的气候条件下生长良好，容易取得高产；高温多雨、光照不足，往往生产衰弱，病害严重。

2. 茄子对温度条件的要求有何特点？

茄子喜温，不耐寒冷，其对温度的要求比番茄、辣椒等作物高，耐热性较强，但在高温多雨季节易产生烂果。茄子的不同生长发育阶段，其所要求的适宜温度有所不同。

（1）发芽期　茄子发芽期以30℃为宜，最低温度不能低于11℃，最高温度不要超过40℃。在恒温条件下，种子常发芽不良，目前较多采用的是30℃处理16小时、20℃处理8小时，在这种变温处理条件下，种子发芽快，出芽齐而壮。

（2）幼苗期　茄子幼苗期生长最适温度为22～30℃，最高温32～33℃，最低温为15～16℃。气温低于10℃，会引起幼苗新陈代谢紊乱，导致植株停止生长；低于 7～8℃，茎叶就会受害；在－1～－2℃时，幼苗就会被冻死。

茄子苗期温度管理，不仅要考虑到幼苗的营养生长，还要考虑花芽分化、发育对温度的要求。在温度管理上，要特别注意保持昼夜温差，即白天保持较高的气温，以促进叶片的同化作用，为植株多积累养分；夜间要保持略低的气温，以利于叶片中的同化物质向植株内部运转，并减少植株的呼吸消耗。为此，白天适温为 27～28℃，夜间适温为 18～20℃。夜间温度特别是后半夜温度过高，幼苗容易徒长，抗逆性下降，不利于培育壮苗。

(3) 开花结果期　茄子进入开花结果期后，在温度管理上，应兼顾开花和结果两方面的要求。在这一阶段温度控制得好，对获得高产有重要作用。一般来说，白天温度应控制在 25～30℃，夜温 18～20℃，地温以 17～20℃最为适宜。当白天温度高于35℃或低于 20℃时，都会造成授粉受精和果实发育不良。夜温长期低于 15℃，则植株生长缓慢，易产生落花，同时不利于果实发育；但若夜温过高，也并不能促进果实膨大。因为这时植株呼吸消耗增大，运往果实的同化物质反而减少，并且容易导致植株出现营养不足的症状。另外，夜温过高也不利于后继花果的生长发育。

3. 茄子对光照的要求有何特点？

茄子是喜光性作物，光补偿点为 2 000 勒克斯，饱和点为40 000勒克斯。光照强时，光合作用旺盛，有利于干物质的累积，植株生长迅速，果实品质优良，产量增加。光照弱时，光合能力降低，茄子同化量降低，植株生长弱，产量低，并且果实的色素不易形成，茄子果实着色不良。从而影响茄子的商品价值，尤其紫茄品种表现得更为明显。此外，不同的光长度对茄子花芽分化的早晚以及花的形成质量都有所影响，光照延长，则生长旺盛，尤其在苗期，在15～16小时的长光照下，花芽分化早，着花节位低。相反，如果光照不足，则花芽分化晚，开花迟，甚至长柱花减少，中花柱和短花柱花增加。因此，在苗期花芽分化阶段，尤其要注意保证幼苗充足的光照时间，以期达到提早收获的目的，并且在栽培上要注意通过合理密植等手段充分利用阳光，以达到高产、优质的目的。

4. 茄子对水分条件的要求有何特点？

茄子枝叶繁茂，产量高，需水量大，通常土壤最大持水量以70%～80%为宜，空气相对湿度为70%～80%。但不同生育阶段对水分的要求有所不同，在幼苗生育初期，要求床土湿润，空气比较干燥。在光照度和温度等条件适宜的情况下，如果苗床水分充足，能促进幼苗健壮生长和花芽顺利分化，并能提高花的质量。所以育苗时，应选择保水能力强的壤土做床土，同时浇足底水，以减少播种后的浇水次数，稳定苗床温度。开花坐果期，由于茄子处于从营养生长向生殖生长过渡的阶段，为了维持营养生长与生殖生长的平衡，避免营养生长过盛，在水分管理上，应以控为主，不旱不浇水。结果期，即门茄迅速生长后需水量逐渐增多，直到对茄收获前后需水量最大，栽培上要尽量满足茄子对水分的需求，否则就会影响其生长发育，水分不足，结果少，果实小，果面粗糙，品质差。但是，茄子不耐通气不良、过于潮湿的土壤。因此，要防止土壤过湿，否则易出现沤根现象。

5. 茄子对气体条件的要求有何特点？

茄子植株在生长发育过程中，要求土壤和空气中的二氧化碳和氧气等气体含量要高，才能满足其呼吸和进行光合作用的需要。一般空气中的氧气含量大约为21%，能够满足植株地上部分所需要的氧气。但是，一般耕地土壤中的氧气含量较少，特别是在排水不良或表土板结的黏性土壤上栽培茄子易发生因根部缺氧而沤根，造成植株生长不良。育苗时，如果土壤表层板结，透气性差，则种子萌芽、出土困难，重者会造成烂种。茄子果实的发育与空气中的二氧化碳含量有密切的关系。在适宜的温度和光照条件下，适当增加空气中的二氧化碳浓度，能够提高植株进行光合作用的强度，尤其是在保护地条件下。据试验，将保护地内二氧化碳含量从0.03%增加到0.09%～0.15%，则其开花数、结实数及果实重量都有增加。但是，空气中二氧化碳的含量过高，又会对茄子植株产生抑制作用。另外，在温室、大棚等保护地环境下栽培茄子，由于其较密闭，易造成氨气（NH_3）、亚硝酸气体（NO_2）、二氧化硫（SO_2）、一氧化碳（CO）等有毒气体的积累，当其含量累积到一定程度，会使茄子的生长发育受到毒害。

6. 茄子对土壤和营养条件的要求有何特点？

茄子对土壤的要求不太严格，所以能在全国各地广泛栽培。但是，由于茄子耐旱性较差，同时比较喜肥，栽培上宜选择排水良好、土层深厚、富含有机质的壤质土壤，以利于根系发育。适宜种植在中性到微碱性（pH在6.8～7.3）土壤上。如果土壤干旱和瘠薄，果实则皮厚肉硬，种子变老，风味不佳，产量降低。

茄子喜肥耐肥。其中茄子对氮肥要求较高，钾肥次之，磷肥较少。氮肥不足则生长弱，分枝少，落花多，果实生长慢，色泽不佳。施肥以氮、磷、钾同时施用效果好。一般每生产1 000千克茄子，需吸收氮3～4千克、磷0.7～1.0千克、钾4.0～6.6千克。

茄子在各个生育时期对土壤养分的需要量也不同。种子发芽期，主要利用种子内部的贮藏物质生长，吸收土壤中营养元素很少，这时的土壤溶液浓度过高反而有害。幼苗期，茄子的根系弱，对土壤营养元素的含量要求较高，而对溶液又很敏感，所以在育苗时，要选用肥沃床土和多施有机肥料，无机肥的施用量要少。茄子在苗期需磷较多，如磷肥充足则根系发达，茎叶粗壮，花芽也能提早分化。但磷肥的效果必须在氮肥水平较高的情况下才能表现出来。以后随着植株的长大，需肥量逐渐增加，但一般在定植前施足底肥的情况下，直到门茄坐果前不进行追肥。进入结果期以后，果实迅速膨大，要求供应大量的营养元素，尤其对磷、钾肥的需求量增大，这个时期如果氮肥不足，植株就会发育不良，同时上层花的短柱花比例增加。生育后期，果实和茎叶的生长量都减少，植株衰败，根系吸收能力减弱，不必再追肥。

茄子对某些微量元素也很敏感，如土壤缺少镁，就会使叶脉附近特别是主脉周围变黄失绿；如果土壤缺少钙，叶片上的网状叶脉就会变褐而出现“铁锈”状叶。

7. 无公害茄子对产地大气环境有什么要求？

无公害茄子产地环境空气质量应符合 NY5010—2001 标准的规定（表 1）。

表 1　环境空气质量指标

项　目	浓度限值	
	日平均	1 小时平均
总悬浮颗粒物（标准状态），毫克/米^3　≤	0.30	—
二氧化硫（标准状态），毫克/米^3　≤	0.15	0.50
二氧化氮（标准状态），毫克/米^3　≤	0.12	0.24
氟化物（标准状态）　≤	7 微克/米^3 1.8 微克/（分米^2·天）	20 微克/米^3 —

注 1：日平均指任何一天的平均浓度。

注 2：1 小时平均指任何 1 小时的平均浓度。

说明：大棚生产时的环境空气质量判定，以大棚外的环境空气质量监测结果为准。

根据空气质量标准，要求产地周围2 000米内不得有大气污染源，特别是上风口不得有污染源，如化工厂、钢铁厂、火力发电厂、水泥厂、砖瓦厂、石灰窑等，不得有有毒有害气体、烟尘和粉尘排放。生产生活用的燃煤锅炉是大气中二氧化硫和飘尘的重要来源，燃烧锅炉需要装置除尘设备；汽车尾气中会产生二氧化硫、氮氧化物等污染物，无公害茄子产地应避开交通要道，至少远离公路100米以上。

8. 无公害茄子对灌溉水有什么要求？

无公害茄子产地灌溉水质量应符合NY5010—2001标准的规定（表2）。

表2 灌溉水质量指标

项目		浓度限值
pH		5.5～8.5
化学需氧量，毫克/升	≤	150
总汞，毫克/升	≤	0.001
总镉，毫克/升	≤	0.005
总砷，毫克/升	≤	0.05
总铅，毫克/升	≤	0.10
铬（六价），毫克/升	≤	0.10
氟化物，毫克/升	≤	2.0
氰化物，毫克/升	≤	0.50
石油类，毫克/升	≤	1.0
粪大肠菌群，个/升	≤	10 000

根据灌溉水的质量标准，除了对水的数量（如地面水的多少、分布、地下水资源的多少）有一定要求外，更重要的是对灌溉水质量的要求，即灌溉用水中不能含有污染物，特别是重金属和有毒有害物质，如汞、铅、镉、铬、氰化物、氟化物等，这些污染物可以通过灌溉在土壤中积累，然后通过根系吸收进入作物体内，在蔬菜体内富积而造成污染。产地要选择在地表水、地下

水水质清洁无污染的地区，要远离易对水体造成污染的工厂、矿山。对于某些因地质形成原因而致使水中有害物质（如氟）超标的地区，应尽量避开。

9. 无公害茄子对产地土壤有什么要求？

无公害茄子产地土壤质量应符合 NY5010—2001 标准的规定（表 3）。

表 3 土壤环境质量标准

项目		含量限值		
		pH＜6.5	pH＜6.5～7.5	pH＞7.5
镉，毫克/千克	≤	0.30	0.30	0.60
汞，毫克/千克	≤	0.30	0.50	1.0
砷，毫克/千克	≤	40	30	25
铅，毫克/千克	≤	250	300	350
铬，毫克/千克	≤	150	200	250
铜，毫克/千克	≤	50	100	100

注：以上项目均按元素量计，适用于阳离子交换量＞5 厘摩（＋）/千克的土壤，若≤5 厘摩（＋）/千克，其标准值为表内数据的半数。

根据土壤质量标准，要求产地位于土壤元素背景值正常区域内，产地及产地周围没有金属或非金属矿山，未受到人为污染，土壤中无农药残留。对于土壤中某些自然本底高（如放射性元素高本底区、重金属元素高本底区等）的地区，因土壤中的这些元素可以转移、积累于植物体内，并通过食物链危害人类，因此不宜作为无公害茄子产地。

10. 无公害茄子生产可以施用哪些肥料？

无公害茄子施肥的原则为，坚持以有机肥为主、无机化肥为辅的原则。实行测土配方施肥，最大限度地保持农田土壤养分平衡和土壤肥力提高，减少肥料成分流失对农产品和环境造成的污染。无公害茄子生产可以施用的肥料种类为：

（1）农家肥　包括厩厕肥、绿肥、作物秸秆肥、泥肥、饼肥等，除绿肥外，其他肥应堆沤腐熟后使用，有害元素含量不得超标。

（2）商品肥料　包括有机复混肥、腐殖酸类肥、微生物肥、无机肥、叶面肥等。

（3）其他肥料　不含有害物质的食品、鱼渣、牛羊毛废料、骨粉、氨基酸、残渣、骨胶废渣、家畜家禽加工废料、糖醋厂废料等有机物料制成的经农业管理部门登记允许使用的各种肥料。

禁止使用的肥料种类包括：

①未经无害化处理的城市垃圾或含有金属、橡胶、塑料等有害物质的垃圾。

②硝态氮肥和未经腐熟的人粪尿。

③国家或省明文禁止使用的肥料和未获准登记的肥料产品。

二、茄子的品种和类型

（一）类型特征

11. 茄子有哪些品种类型？

茄子在我国栽培历史悠久，分布广泛，品种繁多。现在大约有200多个地方品种，近4 000份品种资源。茄子的分类方法有很多种，多以植物学及果实形状或颜色以及栽培生态品种群进行分类。

按植物学划分，一般将茄子分为圆茄、长茄和矮茄3个变种。

根据果实形状的不同，茄子可分为圆茄、椭圆茄、长茄等类型。圆茄果实为圆球形，果实大，单株结果较少，单果重约300～1 000克，肉质较紧密，质地硬，品质好。长茄果实为细长形或长棒形、短棒形，先端有的有尖嘴状或鹰嘴状突起，果皮薄，肉质疏松，柔软，种子较少。椭圆茄果实椭圆形或扁圆形，形似灯泡，果肉有的较松软，有的较致密，品质好。

根据果实的颜色，大致可分为紫茄、红茄、绿茄、白茄等类型。紫茄有深紫色、浅紫色、黑紫色、紫红色，也有紫绿相间条纹色；绿茄有深绿色、浅绿色、青绿色，也有白绿相间条纹色；白茄有纯白色、黄白色等。

12. 圆茄变种有何特点？

圆茄变种茄子植株高大，生长旺盛。茎秆粗壮，叶片大而厚，叶具钝缺刻。花大型，淡紫色。单株结果较少，果实有扁圆、圆形、长圆形，果皮有黑紫色、紫色、绿色、白色等，皮较厚。单果重约 300～1 000 克，多为中、晚熟品种，产量高。果肉浅绿色，肉质较紧密，单果较大，品质好。果实成熟期差异大。这类品种耐热、耐湿性差，一般不适合南方地区栽培（包括大棚栽培），北方尤以华北、西北栽培较多。代表品种有北京六叶茄、九叶茄、徐州早圆茄、天津大民茄、北京七叶茄、安阳茄、济南长大茄、冠县黑圆茄等。

13. 长茄变种有何特点？

长茄变种茄子植株高度及生长势中等，叶片小而狭长，分枝多，果实为细长形或长棒形、短棒形，先端有的有尖嘴状或鹰嘴状突起，长 30～35 厘米。果皮薄，肉质疏松，柔软，种子较小。果皮有紫色、青绿色、白色等。有光泽，种子较少。单株结果较多，单果重较小。适应于温暖、湿润、阳光充足的气候条件，在中国南方、北方栽培普遍。代表品种有北京线茄、上海玉茄、杭州红茄、宁波藤茄、南京紫长茄、苏州牛角茄、柳条青、成都墨茄、广东紫茄、龙茄 1 号、盖县紫长茄、莱阳线茄等。

14. 矮茄变种有何特点？

圆茄变种茄子植株较矮小，生长势中等或较弱。果实较小，椭圆形或灯泡形。果实质地松软，种子较多，品质不佳。多数早熟，也有中晚熟品种，适于早熟栽培。目前常用的品种有：北京小圆茄、北京灯泡茄、锦州小火茄、天津快圆茄、西安绿茄、济南大红茄、安阳大红茄等。

15. 观赏茄有哪些类型和特点?

近年来，国际上流行观赏蔬菜，国内刚刚起步，尚为稀特品种。观赏茄作为观赏蔬菜的一种，可春节观果、切花或用碟盛摆于桌上，甚至盆栽于室内用作观赏，因其聚五彩缤纷的色彩于一身，集食用和观赏于一体，婀娜多姿，相映生辉，惹人喜爱，不仅是中高档宴席上的美味佳肴，更是深具潜力的观赏佳品，给人带来一种新奇的乐趣，深受人们的喜爱。

观赏茄一般属于观果观花类，如五角茄、观赏茄、乳茄（又名牛头茄、五指茄、黄金果、五福茄、五代同堂）、金果茄、金银茄、观赏蛋茄、小丸茄子等，表皮颜色有紫黑、白、紫红、大红等，有的品种果色初为银白，成熟后逐渐转为金黄，因此整株看起来似悬金挂银。果实形状有鸡蛋形、五指形、圆球形等。体态小巧，株高 30～40 厘米，株冠 25～50 厘米，果长 4～6 厘米，直径 3～4.5 厘米，重 10～45 克。

16. 我国茄子种质资源和品种的现状如何?

茄子在我国栽培已有 1 000 多年的历史，分布广，消费量大，品种资源丰富，优良品种的培育及优良种质资源的保存鉴定也取得了很大的进展和可喜的成绩。以中国农业科学院为首的全国各有关单位对全国各地的茄子地方品种进行了初步调查和整理工作，近年来又进行了大规模的品种资源征集和研究工作，仅“七五”（1986—1990 年）期间收集、鉴定、繁殖入库的茄子种子资源有 1 013 份，使宝贵的茄子种质资源得以保存，同时也为今后茄子遗传与良种选育工作奠定了良好的基础。所以茄子的良种选育占有得天独厚的优势，具体表现为如下几方面：

第一，各地都有自己独特的优良地方品种。由于中国茄子栽培历史悠久，形成的类型和种类繁多，但受栽培条件及居民消费习惯的影响，各地形成了自己特有的地方品种。这些特有的地方品种对本地的土壤类型、气候条件、耕作习惯及居民的消费特点都有深刻的适应性，在本地表现出比较优良的品种特性，但如果在环境条件差异大的地方种植就可能有较大的局限性。

第二，利用茄子杂交优势明显的特点育成了一批表现为超亲优势的优良杂种。我国从 20 世纪 60 年代[①]开始茄子杂交一代的育种工作，最早育成的杂交种为中国农业科学院江苏分院 1968 年育成的优良杂交种——苏州牛角×徐州长茄，并于 20 世纪 70 年代末至 80 年代初大面积种植。以后又先后育成了白荷包×绿油皮、紫长茄×久留米等。这些杂种长势强，分枝多，坐果率高，一般能增产 20%～30%。据不完全统计，到目前为止，我国已育成各类茄子新品种上百个，其中杂交种占 70%以上。

第三，利用生物技术进行茄子优良品种培育也取得了较大的成绩。例如黑龙江省园艺研究所利用茄子花药育成了茄子新品种龙单 1 号；中国农业科学院蔬菜花卉研究所和中国科学院植物研究所协作选育了茄子单倍体 B-18 品系；齐齐哈尔市蔬菜研究所等利用辐射育种筛选出了优良突变株系，育成了齐茄 2 号，表现为抗病、丰产、品质优良，并成为黑龙江地区茄子主栽品种之一；另外，还利用原生质体培养及外源 DNA 导入技术育成了一批优良种质。

（二）优良品种及其选择

17. 优良的长茄品种有哪些？

长茄品种多数属早熟或中熟品种，植株长势中等，果实细长

---

① 本书年代均指 20 世纪。

棒状，长达30厘米以上，皮色紫、绿或淡绿，耐湿热，中国南方普遍栽培。其皮薄肉嫩，单株结果多。目前较常用的优良品种有：北京长茄、成都墨茄、早熟墨茄、龙茄1号、齐茄3号、长茄1号、济南早小长茄、长虹2号、辽茄7号、辽茄4号、鲁茄1号、中日紫茄、黑秀茄2、棒绿茄、湘杂11号、白长茄、株茄1号、柳条青、紫羊角茄、油瓶茄、济丰3号、沈茄1号、704农友长茄、94-1早长茄、黑又亮大长茄、8892长茄、济杂晚长茄7号、704紫长茄、金山长茄、熊岳紫长茄、真仙中长茄、徐州长茄、红丰紫长茄、引茄1号、鄂茄1号、8591、杭州红茄、早茄2号、鄂茄1号、三月早茄、早茄3号、济南长茄子、苏畸茄、杭茄3号、杭茄2号、扬茄1号、冷江红茄、紫长条茄、宁波藤茄、紫衣天使、秀玉茄子、9318长茄子等。

(1) 北京长茄　北京市地方品种。植株生长势强。9～11节着生第一果。果实长条形，略弯曲。果皮紫色有光泽，较薄。果肉白色，肉质松软，品质佳，单果重150克左右。该品种早熟，耐热，耐旱，抗病。适于露地栽培。

(2) 早熟墨茄　四川省农业科学院园艺种苗研究中心从成都地方品种墨茄中选育出的新品种。株高1～1.2米，开展度60～65厘米。茎秆紫黑色，有灰色茸毛，叶卵圆形、绿色。第一果着生于主茎8～10叶节上方。果实长圆柱形，长35～40厘米，粗6～7厘米，外皮黑紫色，果脐小，果肉细嫩，水分多，果皮薄，籽少，品质好，单果重300～400克，早中熟，定植至始收45～50天。抗病性、抗寒性、抗逆性均强。适于春季露地和保护地栽培，每667米^{2}产量3 000～4 000千克。适于四川省各地种植。成都地区10月上旬或12月下旬温床育苗，分苗两次，翌年4月上旬带花蕾定植，行距70厘米，株距50厘米，地膜加小拱棚覆盖栽培，后期要设支架防倒伏。

(3) 成都墨茄　四川省成都市的地方品种。株高1～1.1米，开展度60～65厘米，茎秆黑紫色，叶卵圆形、绿色。第一果着生于主茎 10～13 叶节上方。果实长圆柱形，长约 40 厘米，粗 5 厘米，外皮黑紫色，果脐小。果肉疏松、细嫩，含水分多，皮薄、籽少，品质好，单果重约 360 克。中晚熟品种，定植至始收约 80 天。抗病性、抗逆性均强。适宜春季露地栽培，每 667 米^{2}产量为 2 000～2 500 千克。适于四川省各地种植。成都地区 1 月上旬温床育苗，4 月上旬定植，行距 66 厘米，株距 50 厘米。生长期追肥 5～6 次，培土 1～2 次，需立支柱防倒伏。

（4）龙茄 1 号　黑龙江省农业科学院园艺研究所从紫线茄中选育的常规品种。株高 60～70 厘米，开展度 70 厘米左右，开张度中等。第七至八片真叶出现第一朵花。果实长棒形，黑紫花，有光泽，标准果长 25～30 厘米，平均单果重 150 克。果肉白色带微绿，细嫩较密，果实籽少、质佳。种子圆形，扁平，新鲜的种子黄色，有光泽。在哈尔滨为早熟品种，从播种到收获 95～110 天。一般每 667 米^{2}产 2 500 千克。喜肥水，抗逆性强。适于黑龙江省各地早熟栽培或大中棚保护地种植。哈尔滨地区 3 月上中旬育苗，5 月下旬定植，苗龄 70 天，每 667 米^{2}用种量 40～50 克。行、株距 70 厘米×23～27 厘米。二杈式整枝，及时摘去门茄以下叶子和腋芽。

（5）齐茄 3 号　齐齐哈尔市蔬菜研究所从盖县长茄×伊春茄后代系统选育而成的品种。植株生长势强，株高 75～90 厘米，开展度 65～70 厘米。叶卵圆形，叶色浓绿。茎黑紫色，有绿纹，始花节位 9～10 节。果实长条形，果尖渐尖，果皮黑紫色，有光泽，标准果长 30～35 厘米、粗 5 厘米左右，果肉清白色。种子扁平，圆形，黄色，千粒重 3.5～4.0 克。在齐齐哈尔属中熟品种，从播种至第一次收获需 118～122 天。平均每 667 米^{2}产 2 000千克。果质松软，不易老化，品质优良。较抗黄萎病，不抗绵疫病、褐纹病。适于黑龙江省各地露地栽培。齐齐哈尔地区 3 月上旬播种育苗，5 月下旬定植。行、株距 60 厘米×30 厘米或 70 厘米×30 厘米，加盖地膜，促早熟高产。每 667 米^{2}施农家肥5 000千克作基肥。6～8 月份生长旺季追施 3～5 次氮肥，防止脱肥减产。及时防治红蜘蛛。

（6）长茄 1 号　吉林省长春市蔬菜研究所从盖平大鹰嘴茄子中系统选育而成。株高 90～100 厘米，开展度 60 厘米左右。茎叶紫绿色，主茎 8～9 节着生第一朵花。果实细长有鹰嘴，果长 20～24 厘米，横径 5～6 厘米。果实黑紫色，有光泽，肉质嫩，籽小，单果重 150～250 克。在内蒙古自治区属中晚熟品种，生长期 100 天。喜水肥，耐热，耐低温，抗黄萎病，但后期易得绵疫病。每 667 米^{2}产 3 500～4 000 千克。耐贮藏。适于内蒙古自治区哲里木盟及黑龙江省佳木斯市等地种植。在内蒙古自治区于 3 月下旬育苗，5 月中旬定植，每 667 米^{2}保苗 2 600～3 000 株，在黑龙江省生长期为 200～210 天，佳木斯郊区 3 月上、中旬温室育苗，4 月中、下旬移植于大棚，5 月下旬定植。株行距 40 厘米×60 厘米，每 667 米^{2}栽 2 800 株。每 667 米^{2}施优质农家肥 5 000千克作基肥。每 667 米^{2}产 3 000～3 500 千克。

（7）济南早小长茄　济南地区地方品种。果紫黑色，长灯泡形，单果重 250～350 克，品质好，耐寒，耐弱光，耐绵疫病，较北京云叶茄早熟 7～8 天，适于保护地栽培。

（8）长虹 2 号　2000 年浙江省作物品种审定委员会审定品种。该品种株型紧凑，生长势强，分枝多，节间短，结果层密。叶片绿色，长椭圆形，叶缘波浪形，叶脉和茎秆均为紫色。早熟，耐低温性好；第一朵花着生于第九节上，花紫红色，果条长直，粗细均匀，果长在 30 厘米以上，横径 2.5～2.9 厘米，单果重 60～70 克，单株结果 25～32 个，果皮紫红色，光泽度好，皮薄，肉厚洁白，光滑，粗 2.2～2.5 厘米，商品性好，组织细嫩，口感柔糯。成熟果不易老化。根系发达，再生能力强。抗逆性、抗病性强，产量高，既可作冬春大棚栽培，亦宜高山栽培或秋季露地栽培，适宜喜紫红茄的地区栽培。该品种的最大特点是早熟、茄条长直、品质优良。

(9) 柳条青　为东北地区的地方品种，中熟，株高 80 厘米，枝展 50 厘米，节间较长，茎叶绿色，果实长筒形，先端有鹰嘴状突起或钝圆，果实浅绿，含水分较少，抗病中等。

(10) 紫羊角茄　江南地方品种。早熟，株高 80 厘米，叶脉及嫩枝黑紫色，果实羊角形，顶端尖，稍弯，长 25 厘米，直径 5～6 厘米，紫色，有光泽，品质好，喜肥水，抗病，耐热。

(11) 辽茄 7 号　保护地（日光温室、大棚）专用紫长茄杂交种。果实长型，长 20 厘米，粗 5 厘米，单果重量 120～150 克，每 667 米^{2}产量 5 000 千克左右。果皮紫黑色，有光泽，商品性好，品质佳，果实肉质紧密，口感好，耐运输。植株直立，叶片上冲，适于密植栽培，且在低温弱光下果实着色良好，适于越冬栽培和早春早熟栽培。早熟栽培，用营养钵育苗，从播种到始收 100～105 天。

(12) 辽茄 4 号　辽宁省农业科学院园艺研究所育成的紫长茄新品种，已经过辽宁省农作物品种审定委员会审定。株高 52 厘米，开展度 66 厘米，茎秆黑紫色，分枝次数多，再生能力强。果实长 30 厘米，棒槌形，黑紫色，有光泽，果皮薄，果肉软，单果重 260 克。生育期 100 天左右，从开花到商品果始收期约需半个月时间。前期产量高，增产潜力大。植株矮壮，不易倒伏，适合密植，每 667 米^{2}保苗 3 500 株左右。小拱棚覆膜栽培可实行大垄双行，大行距 66 厘米，小行距 33 厘米，覆盖 30 天。露地栽培的行株距为 60 厘米×40 厘米。

(13) 鲁茄 1 号　早熟品种，成株高 70～80 厘米，叶片小而窄长。门茄着生于 6～7 节。果实长卵形，皮黑紫色，肉质柔嫩，种子少，品质优良。坐果率高且集中，前期产量高，适于春季早熟栽培。每 667 米^{2}栽植 3 000～3 500 株，每 667 米^{2}产 3 000～3 500千克。

(14) 中日紫茄　广东省农业科学院蔬菜研究所选育，1998

年通过广东省品种审定。中日紫茄植株生长势强，株高 90～100 厘米，开展度 80 厘米，茎粗 1.9 厘米，株型直立，分枝力强，结果多。果长棒形，果实外形美观、头尾匀称，果长 24～26 厘米、横径 4.5～5.0 厘米，单果重约 200 克，果皮深紫红色，果面光滑有光泽，果皮薄，果肉白色，肉质细嫩，不易老化。早熟性好，从定植到始收春植 45 天，秋植 35 天，比广州本地红茄、台湾屏东红茄早熟 10～15 天，前期产量高。根系发达，适应性广，适宜在华南地区春、秋栽培。春植在 1～2 月间、秋植在7～8 月间进行育苗。选择前茬非茄科作物的田块种植。每 667 米^2 植 1 500～1 600 株，因其生长势强，定植规格以行距 70 厘米、株距 45～50 厘米为宜。当植株长至 40 厘米左右时，设支架防倒伏，并及时摘除第一朵花以下全部腋芽，以减少养分消耗，中后期适当摘除下部叶片，以利通风透气，减少病虫害发生。及时采收成熟果实，有利于提高产量。

(15) 黑秀茄 2　江苏省农业科学院蔬菜研究所选育的茄子杂交一代组合，属保护地专用品种。株高 85 厘米，株型半直立。早熟，首花节位 10 节；果实黑紫色，长条形，果皮光泽强，着色均匀，一致性好，单果重 140 克，商品性好；低温坐果能力强，弱光下着色好，商品果率高，适于日光温室（大棚）越冬或春提早栽培。

(16) 棒绿茄　辽宁省农业科学院园艺研究所育成的高产、优质、抗病长绿茄子新品种。该品种株高 75 厘米，开展度 76 厘米，直立型。茎秆和叶脉均为绿色。叶片肥大，叶缘波状，花紫色。果实长棒形，纵径 20 厘米，横径 5.5 厘米。果皮油绿色，富有光泽。果顶略尖。果肉白色，松软细嫩，味甜质优，单果重 250 克。抗黄萎病和绵疫病。商品性状好，从播种到商品果始收期为 112 天左右，属于中早熟品种。选择保水保肥、土质肥沃、地势平坦和排灌方便的壤土或沙质壤土地块种植。不宜连作或迎茬栽培。每 667 米^2 保苗 3 000 株左右。在定植前每 667 米^2 施用优质农家肥 5 000 千克、磷酸二铵 20 千克做底肥。在生育期间要及时追肥、灌水、喷药和除草。在雨季要注意排水防涝。棒绿茄的适应性较强，在东北、华北、西北和西南等地区都可用于露地栽培或保护地栽培。

(17) 湘杂 11 号　隆平农业高科技股份有限公司湘研蔬菜种苗分公司选育。植株生长势强，株型较开展。株高约 80 厘米，开展度约 90 厘米，叶绿色，叶长约 21 厘米，宽约 12 厘米，茎秆与叶脉紫色。始花节位 9～11 节，单花为主，少数 2～3 朵簇生。隔 2～3 节一花。果实长条形，紫黑光亮，耐老化。果较直，果长 25～30 厘米，粗约 4 厘米，单果重 150 克左右。品质好，果肉浅绿白色，籽少，质地细嫩。早熟，耐低温弱光，从定植到始收 38 天左右。田间表现抗青枯病和绵疫病能力强。每 667 米^{2}产量 3 500 千克左右，宜作保护地、露地春早熟栽培。播种期 10 月中下旬至 12 月中下旬。忌连作。株距 50 厘米，行距 50 厘米，每 667 米^2 栽 1 900 株左右。每 667 米^{2}施堆肥 2 000～3 000 千克、饼肥 150 千克、磷肥 50 千克、钾肥 30 千克，定植后开花前追肥 2～3 次，门茄采收后重施一次肥，以后每采收一次应追肥一次，注意肥水管理。苗期重点防治猝倒病、立枯病、褐纹病，定植时防治小地老虎；结果期主要虫害有棉铃虫、茄螟、茶黄螨、红蜘蛛、蚜虫和二十八星瓢虫。

(18) 浙茄 88—白长茄　浙江省农业科学院蔬菜研究所培育的新品种。早熟，耐弱光，果实乳白色，光泽好，果长 20～25 厘米，果粗 3.0～4.0 厘米，品质佳，单果重 150 克，产量 4 000 千克。适宜广东一带生产消费。

(19) 株茄 1 号　湖南省株洲市蔬菜研究所育成的早中熟茄子品种，已通过株洲市品种审定小组审定。抗寒、耐热、抗病、丰产。产量为每 667 米^2 4 000～4 500 千克。适于湖南省等地栽培。

(20) 济丰 3 号大长茄　山东济南市种子公司于 1992 育成的

中晚熟品种。植株生长势强，株高1.4～1.6米，开展度1.2米左右。主茎9～10片叶开始着生花序，以后每隔1～3片叶着一花序，每花序可产果1～3个，果实长卵形，果长20～25厘米，直径10～12厘米，皮紫黑油亮，单果重700～1 000克。果肉细白嫩甜，耐贮运。商品性极好。定植后55～60天开始采收。耐热、抗涝、抗病、适应性强。采收期一般110天以上，易获高产。

(21) 沈茄1号紫长茄　早熟、抗病、高产、优质杂交种。该杂交种植株长势中等，株高55厘米，开张度45厘米，适宜密植。果实紫黑色，有光泽，果长25厘米，果横径4厘米，果实品质好，单果重100克左右。播种后110天开始采收，每667米^{2}产4 000千克以上。该杂交种抗逆性较强，适宜露地、保护地、割茬再生等多种栽培形式。适应范围也较广，可在一切紫长茄生产地区栽培。露地定植每667米^{2}3 500株，保护地每667米^{2}定植4 000株左右。

(22) 704农友长茄　台湾农友种苗股份有限公司选育的优良品种。抗病、丰产、适应性强，品质好、商品性佳。株型直立，茎紫黑色。花紫色，结实力强，果实细长，紫红色，适收时长约30厘米，横径约3厘米，果重100克左右。萼紫绿，肉白色，种子发育慢，皮薄肉嫩，煮食品质最佳。生长健壮，耐湿、耐热、抗青枯病。产量高，一般每667米^{2}产4 500～5 000千克。

(23) 94-1早长茄　济南市农业科学研究所茄果研究室新近育成的早熟茄子一代杂种，适于各种保护地栽培，1996年经山东省品种审定委员会审定。植株生长势中等，叶片较稀较狭，茎、叶柄及果柄黑紫色。第七片真叶现蕾，以后每隔1～2片叶现一花序，每序1～3朵花，花为淡紫色；果实长椭圆形，长18～22厘米，横径6～7厘米，果形指数2.5左右，果色黑紫油亮，耐老化，单果重300～400克，果实内种子少，果肉嫩细，硬度适中。果形美观，品质优，商品性好。

(24) 黑又亮大长茄　济南市农业科学研究所科技公司与长清县归德镇农业科技服务部于1994年育成的最新大长茄良种，荣获山东省科学大会奖。该品种株高1米，开展度1.2米，主茎7叶节上结门茄。茎秆深紫色，叶片椭圆，叶缘呈波状，叶柄及叶脉深紫色。果实粗直，果长25～30厘米，直径8～10厘米，单果重500～1 000克，最大超过1 500克。外果皮黑紫油亮，肉质细嫩，种粒少，可口性强。外形美观。抗三大病害，是鲁中地区夏秋市场上的主导蔬菜。该长茄中晚熟，生育期从早春可达初冬，每667米^{2}产5 000～7 000千克以上。适于长江以北广大地区种植。东北由于受气候影响表现少果，不宜种植。晋、冀、鲁、豫、京、津地区1月下旬或2月上旬阳畦冷床育苗；辽宁、内蒙古、新疆地区2月上旬或中旬育苗，苗龄90天左右，于4月下旬或5月上旬定植。施足基肥，生长盛期及时补充氮、钾肥和叶面肥。雨期注意防治绵疫病及其他病害。每667米^{2}用种量20克左右。

(25) 极早熟8892长茄组合　由四川农学院以8801为母本、9235为父本配组的极早熟杂交一代茄种，1993年4月通过四川省农作物审定委员会审定推广。该组合植株高大，平均株高70厘米，开展度65厘米，分枝性强，长势中等，第一穗花多着生于主茎5～6节，挂果5个以上，果实长条形，长28～32厘米，横径3.5～4.5厘米，果皮紫黑又亮，单果重200～250克左右，茄肉白色，细嫩，平均每667米^{2}产4 000千克左右，早春用双层地膜覆盖栽培，4月底5月初即可上市。

(26) 济杂晚长茄7号　济南市农业科学研究所以H92-1自交系为母本，以C92-3为父本杂交育成的耐热、抗病、适于露地越夏栽培的中晚熟、大果型新品种，1996年12月通过山东省科学技术委员会组织的专家鉴定。植株生长势强，株高145厘米，开展度105厘米，茎浅紫色，粗壮。叶片中等大小，长圆形。一般10片叶节上方结第一个果，果长20～22厘米，横径

7～8 厘米，平均单果重 400 克左右，果皮黑紫有光泽，果肉嫩软，品质优良，商品性好。耐热、抗病。济杂晚长茄 7 号适于一年一季的露地越夏栽培。如提早播种，实行春夏栽培，生长期可达 270 天左右（包括苗期）。春露地栽培，播种期为 2 月份，越夏栽培的适播期为 3～4 月份。生长期应追施以氮、钾为主的速效肥。每采收 1～2 次追肥一次。春露地栽培需追肥 4～5 次。如霜降前拉秧，应适当增加追肥次数。采用常规整枝法，即门茄下除留两侧枝外，其余全抹去。生长期为防止倒伏，应结合中耕进行培土。越夏后及时追肥浇水，整枝和中耕除草，以利 8～9 月份形成第二个产量高峰。一般每 667 米^{2}产 5 000 千克以上。

(27) 704 紫长茄　属中晚熟品种。果实为深紫红色，生长旺盛。叶片肥大，穗状结果。丰产性极强。与一般的茄子品种不同，凡是结果处至少 3～4 个果。单株结果 24 个。最多结 40 多个。单果重 200～250 克，一般每 667 米^{2}产 5 000～6 000 千克，最多可达 7 500 千克。最大特点是果在秧上不容易老化，适于在霜前一次性采收，可利用它的耐贮特点延后上市。能自然存放半个月。如稍加保护措施，可贮存 1 个月以上。栽培管理和普通茄子一样。

(28) 农友长茄　上海三友种苗有限公司从台湾农友种苗公司引进的杂交种，其植株生长强健旺盛，花穗为多花型（复合花序），结果性强，为台湾茄子品种中一个早熟的新品种。单株产量达 8～10 千克，高的可达 12.5 千克。果实艳丽，紫红色有光泽，肉白色，肉质细糯，果皮薄嫩，果实中含籽少，且不易老化。一般果实长 30 厘米，直径 3 厘米，单果重 100 克左右。而且抗青枯病，耐热、耐湿，适宜上海地区栽培。上海地区栽培农友长茄，一般于 10 月中下旬在保护地播种育苗，11 月中旬至 12 月上中旬移苗，12 月底至翌年 1 月底进行拉稀囤苗。3 月上旬至 4 月上旬带土定植。因其生长期长，高产，需肥量较多，一般开沟深施腐熟有机肥每 667 米^{2}2 500 千克或复合肥 150 千克，定植密度为畦宽连沟 100 厘米，高畦栽 1 行，株距约 70～80 厘米，每 667 米^{2}栽 800～1 000 株。采收期每采收 1～2 次追肥一次，为防止因果多而倒伏，结果期每株需扦插竹竿绑缚植株，同时及时整枝，打老叶，并认真防治病虫害。农友长茄因果实漂亮，适口软糯而深受市民欢迎。其市场价比一般茄子高 30%以上，故每 667 米^2 产值一般均在 5 000～6 000 元，高的每 667 米^{2}产值可超万元。

（29）金山长茄　由福建农业大学园艺系选育，1997 年 5 月通过福建省品种审定委员会蔬菜专业审定。金山长茄茎绿紫色，叶片绿色带紫晕，平均株高 80 厘米，平均株幅 75 厘米，植株分枝能力强，株型直立紧凑，可密植。早熟，定植至采收约 40 天。果形瘦长端直，果长 30 厘米以上，果径 3.5 厘米左右，平均单果重 180 克。商品性佳，果皮紫红色，有光泽，皮薄肉细，果肉洁白，籽少，品质柔软细腻，可食率高。耐热，在高温条件生长良好。品质优，果实木栓程度低。抗病，对绵疫病、青枯病和病毒病有较强抗性。丰产，一般每 667 米^{2}产量为 3 000～3 500 千克。春季栽培 10 月中旬至翌年 1 月上旬播种，早熟栽培以 10 月中旬播种为佳，生育期 110～130 天；秋季栽培 6 月中旬至 7 月下旬播种，苗期 25～30 天。采用高山反季节越夏栽培时，播种期一般在 4 月下旬至 5 月中旬，苗期 30～35 天。当幼苗长到2～3 片真叶时要及时移植，假植密度以每株保证 15 厘米^{2}营养面积为佳。加强水肥管理和病虫害防治。在茄子开花坐果前，及时摘除主干第一分杈下各叶腋发生的侧枝。为了通风透光，可除去一部分衰老的、同化作用很弱的叶子。

（30）熊岳紫长茄　辽宁熊岳农业高等专科学校育成的茄子一代杂种，具有早熟、优质、抗病、高产等特点。1993 年通过辽宁省农作物品种审定委员会的审定。熊岳紫长茄较早熟，秧苗 8 片叶现蕾。在正常管理条件下很少发生褐纹病和绵疫病，植株生长势强，株高 100～110 厘米，开展度 110 厘米。叶长卵圆形、肥厚，叶脉深紫色，刺量中等，居双亲之间。花瓣为紫色。果实长棒形，尖端稍翘，果长 26 厘米，直径 5 厘米，单果重 270 克，果皮深紫色，有光泽，果肉绵软甜香，适口性好，种子数量较少。熊岳紫长茄适宜日历苗龄为 80～85 天、生理苗龄 8～9 片叶并初现花蕾。露地定植一般行距 60 厘米，株距 45～50 厘米，每 667 米^{2}可栽苗 2 200～2 300 株。适于多种栽培方式。可行早春棚室栽培，具有一定早熟增收效果。应使用 15 毫克/千克的 2,4-D 处理，以利保花保果。露地栽培前期可进行短期薄膜覆盖，以促进早熟。该品种具有较强的越夏能力，也可进行延秋栽培。

(31) 日本真仙中长茄　从日本引进开发的高产高效优质商品蔬菜之一。播种期选择在 11 月下旬，12 月下旬移植至营养袋（育苗须在塑料大棚中越冬培育），3 月上旬移至大田定植，5 月上旬开始采收，10 月下旬采收结束。定植规格为 1.6～1.8 米×0.6～0.7 米，以家禽家畜粪便、人粪尿以及杂草、稻草等混合发酵肥为主，重施基肥。于定植前半个月将腐熟的有机肥和石灰施入土壤中。开花前以基肥为主，氮素不宜过多，以防徒长。开花着果后适当补充化学肥料，保持营养生长与生殖生长的平衡，即生长点与开花点的位置保持在 15～20 厘米。茄子定植大田后，须进行竹竿插植引蔓和整枝摘叶，以利于提高受光率和茄子品质，防止病虫危害。当主枝长至 10～12 片真叶时，选留其基部两个生长较强的侧枝让其攀援生长，其余的茄蔓均长至 5 厘米后摘除（不可摘心）；从主蔓长出的侧蔓和次生蔓，坐果后留 1 叶摘心，一直到 9 月上旬止，以后让所有长出的蔓自由生长；当主蔓长至 1.2 米左右，中心部的生长蔓伸长较强，要及时剪除老侧蔓和摘除老叶。

(32) 徐州长茄　徐州地区优良栽培品种。该品种植株高大、茎秆粗壮，株高 120 厘米左右，开展度约 80 厘米，茎秆、叶柄、叶脉为暗紫色，叶片深绿色，始花节位约为 12 节，果长 21～30

厘米，果径 8～10 厘米，平均单果重 400 克，果皮黑紫色、有光泽，果肉松软、富有弹性、不易老化，品质极佳。该品种适应性强，是淮北地区早春菜主要外销品种之一。徐州长茄在淮北地区 10 月下旬温室育苗，精细整地，施足基肥，当棚内 10 厘米地温稳定在 10～12℃时，约在 2 月下旬，抢冷尾暖头时定植，每 667 米^{2}约 3 000 株。保护地栽培要及时摘除门茄下的腋芽和衰老叶片。结果中后期要把下部老叶、黄叶、病叶全都打掉，八面风现蕾后，在花蕾上部留 1～2 叶摘心。早春多低温寡照，极易引起长茄落花落果，应用防落素蘸花，可以有效地预防长茄落花，促进果实膨大。从开花到果实商品性成熟约 20～25 天，特别是门茄应适当提早采收。

(33) 红丰紫长茄　广东省农业科学院蔬菜研究所于 1997 年育成的杂交一代新品系。抗青枯病，耐褐纹病，果形美观，光泽度好，商品率高，产量高。植株生长旺盛，株高 100 厘米左右，果长 30 厘米，横径 6 厘米，果长直，头尾大小均匀，尾端稍尖，皮色紫红，光泽鲜亮，果肉白色，籽少，每 667 米^{2}产 5 000 千克。播种前施足基肥，春季收获的适宜播种期为 10 月下旬至 11 月，秋季收获的适播期为 6～8 月。冷凉地区反季节栽培可在2～3 月份播种，春播因温度低，播种后用薄膜拱棚保温，夏秋播种用黑纱网降温。双行种植，行距 50～60 厘米，株距 40～50 厘米，每 667 米^{2}植 1 000～1 200 株。淋足定根水，7 天内检查地老虎的危害及立枯病的发生，并及时补苗。植株现蕾时开始培土，并插竹竿绑蔓、整枝，主茎上的第一朵花（根茄花）应摘除，除保留根茄以下第一侧枝外，下部其余侧枝全都摘除。生长过于茂盛或栽植过密的植株，应摘除部分叶片以保证果实生长正常、色泽鲜嫩。

(34) 引茄 1 号　浙江省农业新品种引进开发中心于 1997 年从国外引入，2000 年通过浙江省品种审定委员会的品种认定。引茄 1 号株型较直立紧凑，开展宽 40 厘米×45 厘米，适合密植，结果层密，坐果率高，果长 30～38 厘米，果粗 2.1～2.4 厘米左右，单果重 60～70 克，持续采收期可长达 4～5 个月，产量高。生长势旺，再生能力强，耐低温弱光，抗病性强，后期耐热。果形长直，不易打弯，果皮紫红色，光泽好，外观光滑漂亮，皮薄，肉质洁白细嫩，软糯可口，品质佳。一般每 667 米^{2}产量 3 500～3 800 千克左右。选择土壤肥力较高的土地种植，根据各地采收期不同，合理安排播种期。一般 9 月下旬～10 月下旬播种，大棚栽培，春节前后可上市；2 月份播种，大棚育苗，6 月前后开始采收；4 月下旬～5 月上旬播种，6 月初定植，7 月下旬开始采收。株、行距控制在 45 厘米×60 厘米，施足基肥，及时追肥，加强肥水管理和整枝去叶，春秋季采收期每周至少灌水 1 次，夏季 2 次，及时去除老叶和病叶，以利通风透光和果实发育，减少果实打弯。适宜早春保护地密植栽培、春播露地栽培、夏季高山栽培、夏播秋延栽培等各种栽培模式，均表现高产、稳产、高抗病性及良好的商品性。可在全国喜食长红茄地区种植推广。

(35) 8591　以 8501 为母本、9112 为父本配制的一代杂交种。该组合表现早熟，耐病耐热，结果能力强，果形长，果面平滑光亮，品质好。秋季栽培 9 月下旬上市，果实大小整齐一致。每 667 米^{2}产 2 000 千克以上。株高 75～80 厘米，开展度 70～75 厘米，分枝性较强，生长势中等。叶色绿、有紫晕，叶缘波状，叶柄及叶脉为紫色。花淡紫色，单生或多生；第一花序节位 6～7 节。果实长圆柱形，稍弯曲，长 27～32 厘米，最大横径 3.5 厘米，单果重 150 克左右。果皮紫红色，果面光滑，果肉白绿色，萼片及果柄上刺毛稀少。肉质糯甜，风味好。抗黄萎病，耐绵疫病，适宜长江流域地区春秋两季栽培。春季栽培，10 月下旬至 11 月上中旬冷床育苗，3 月下旬以后地膜覆盖定植，栽植密度每 667 米^2 2 500 株，高畦窄垄，双行种植。垄肥要足，每 667 米^{2}施腐熟农家肥 2 000 千克，复合肥 20 千克，于畦中央开沟施入，开花前，视植株长势追施稀薄人粪尿或尿素水。坐果后，开穴施入壮果肥，以复合肥或饼肥为好。植株生长期间注意防治瓢虫、红蜘蛛、茶黄螨等害虫。

（36）杭州红茄　单果重 75 克左右。果皮薄，紫红色，有光泽，果肉白色。早熟，生长期 290 天，播种至初收 180 天。果实柔嫩，品质糯嫩，初列为杭州十大名菜之一。每 667 米^{2}产 2 000～3 000 千克。10 月中下旬播种，温床育苗，播种量每 667 米^{2}0.05 千克，3 月上旬定植，行、株距 70 厘米×50 厘米，增加前期产量。收获期 5 月中下旬至 9 月。

（37）早茄 2 号　湖南省蔬菜研究所 1990 年育成的早熟丰产一代杂种茄子。株高 69 厘米，开展度 79 厘米。果实粗条形，果长 25.8 厘米，粗 4.4 厘米，外皮紫红色，有光泽。肉质细嫩，品质好，单果重 140～180 克。早熟，早期产量高，抗枯萎病能力较强，果实商品性好。适于露地早熟栽培，每 667 米^{2}产量为 2 500～3 000 千克。适于华中、华南地区种植。长沙地区于 11 月中下旬至 12 月下旬温室播种育苗。露地栽培，于翌年 4 月上旬定植；用地膜覆盖，可提早到 3 月下旬定植，行距 52～60 厘米，株距 46～52 厘米。需整枝，在中茎第一分枝下留一侧枝，使植株成三杈形，抹去主茎上其余分枝。基肥要施足，重施催果肥，促进早熟、丰产。

（38）中茄 2 号　湖南省蔬菜研究所 1989 年育成的中熟一代杂种茄子。株高 74 厘米，开展度 80 厘米，生长势强。果实粗条形，果长 22.3 厘米，粗 5.4 厘米，外皮紫红色，有光泽。肉质细嫩，品质好，单果重 180～190 克。中熟，抗逆性及抗病性较强，产量高，一般每 667 米^{2}产量为 3 000 千克以上。适于长江中下游地区种植。

长沙地区于 3 月上旬冷床育苗，4 月中旬定植，行距 60～66 厘米，株距 46～52 厘米。重施基肥，坐果后及时追肥。干旱季节及时灌水，可在行间覆盖麦秆、稻草等，起保湿、降温作用。

适时摘除黄叶、病叶，以利通风透光。

（39）鄂茄1号　武汉市农业科学院选育，母本87－25是从武汉郊区的一个农家品种中经6代系统选育而成的自交系。父本87－16是从江苏地方品种苏州牛角中的优良单株经4代系统选育的自交系。1996年通过湖北省农作物品种审定委员会审定。鄂茄1号为早熟紫长茄一代杂种。植株直立，平均株高70厘米，开展度60厘米。分枝性强，花淡紫色，多数簇生，少量单生。6～7节着生第一花。果实长条形，长25～30厘米，横径3.0～3.5厘米，单果重110～150克。果面黑紫色，平滑有光泽，果肉白绿色。果实质地柔嫩，纤维少，略带甜味，果皮薄，耐老，商品性好。该品种抗逆性强，适应性广。一般每667米^{2}产3 500千克左右，高产达5 000千克以上，前期产量占总产量的45%左右。全国各地均可栽培，宜春、秋两季栽培，尤其是春季早熟栽培。武汉地区大棚栽培，10月上中旬冷床育苗，每667米^{2}栽3 000株左右，采用高畦栽培，浇足底水，施足底肥。低温条件下开花时，可用2,4－D点花以利坐果。随着植株的生长须及时整枝打叶，以利通风透光。并注意防治蚜虫、红蜘蛛、二十八星瓢虫、茶黄螨、褐纹病。棉产区要注意预防枯萎病和黄萎病。

（40）三月早茄　四川省农业科学院园艺种苗研究中心从地方品种三叶茄中选育出的新品种。株高90～100厘米，开展度50～60厘米。茎秆紫色，有灰色茸毛。叶卵圆形、绿色，叶柄及叶脉黑蓝色。第一果着生于主茎7～8叶节上方。果实长棒形，长25～30厘米，粗7～8厘米，外皮紫黑色。果肉白色，肉质细嫩，皮薄，籽少，品质好，单果重250～350克。早熟种。定植至始收约40天。耐寒性强，抗病、抗逆性较强。适宜春季保护地和露地栽培，每667米^{2}产量为2 500～3 000千克。适于四川省各地种植。成都地区10月上旬冷床或12月下旬温床育苗，分苗2次，翌年3月上旬地膜加小拱棚覆盖定植，行距66厘米，株距45厘米。

(41) 济南长茄子　济南市郊区地方品种。1986年通过山东省农作物品种审定委员会审定。株高约1米，生长势强。第一果着生于主茎9叶节上方。果实长卵形，纵径20厘米，横径8～10厘米，外皮紫黑色，有光泽。果肉较疏松，品质较好，单果重400～500克。中熟，定植到始收约60天。适于露地栽培，一般每667米^{2}产量为4 000千克左右。适于山东省种植。济南地区于1月下旬阳畦播种育苗，4月下旬定植。也可在4月上旬露地播种育苗，6月上中旬定植，行距70～75厘米，株距40厘米。夏秋季收获。

(42) 杭茄3号　杭州市蔬菜科学研究所选育而成。果皮淡紫色，肉质柔嫩，品质佳，抗性较强，是杭、嘉、湖地区广为栽培的传统品种。秋冬茄专用品种，果皮紫红色。春季栽培杭茄3号，头年的9月上旬至10月上中旬均为播种适期，2～3片真叶时分苗到苗钵，苗龄70～120天。苗期肥水以控为主，后期应保持足够的夜温，以免秧苗受低温影响，造成叶片发黄。夏播秋冬茄子于7月中旬播种，双膜覆盖，即薄膜防雨，苗龄30～40天。

(43) 杭茄2号　同杭茄3号。

(44) 扬茄1号　扬州市蔬菜研究所等单位育成的早熟杂交一代紫长茄。在江苏、山东、安徽等地推广以来，因其熟性早、产量高、商品性好等优点而深得广大用户的喜爱。株型紧凑，开展度55厘米左右，株高90厘米，节间短，10叶开始开花坐果，低温坐果率高，适宜早熟密植。单株挂果12～13个，多的可达18～20个。果长35～40厘米，横径4.5厘米，茄色深紫，有光泽，商品外观佳。一般春季每667米^{2}产量4 000～5 000千克。适于长江中下游地区种植。长江中下游地区一般在9～10月播种育苗，翌年2～3月移栽大棚内。大田移栽前要多次耕翻园土，同时施足基肥，避免重茬。株距40厘米，行距55～60厘米，每667米^{2}保苗3 000株左右。在门茄采收前要打去门茄以下部位的杈枝和老叶，使植株能通风透光，这是促使茄子早熟丰产的技术关键。采收门茄后，要保持田间湿度，勤施肥浇水，综合防治病虫害。早期低温，可用防落素点花，提高坐果率。

(45) 冷江红茄　湖南冷水江市蔬菜研究所、冷水江市蔬菜种子公司共同选育的优良新品种。1997 年通过湖南省农作物品种审定委员会审定。植株直立，平均株高 95 厘米，开展度 80 厘米，茎紫色，分枝力强，生长势强，叶绿色，卵形，花紫白色，单生，9～10 节始花，果实长卵圆形，果长 22～25 厘米，横径 7～9 厘米，单果重 300～400 克，果皮紫红色，平滑有光泽，果皮薄，果肉白色，肉质紧密，质地细嫩，口感好，品质佳。中晚熟，高抗病，对黄萎病、绵疫病、青枯病 3 种病害有显著的抗性。适应性广，结果期长，单茄重 200～300 克，产量每 667 米^2 达 4 000～5 000 千克。适合大型基地春、秋两季栽培。适宜于湖南、贵州、甘肃等地作中晚熟栽培和秋延后栽培。春季栽培用温床或大棚电热线加温育苗，湖南各地一般在 1 月中旬播种，每 667 米^2 用种 50 克，3 月下旬至 4 月上旬定植。每 667 米^2 栽植 2 500 株左右。深沟高畦，施足基肥。注意施有机肥和尿素，以利多结果、夺高产。在植株生长时期，适当整枝，以利通风透光和坐果。生长中后期注意去侧枝、摘除老黄叶。避免连作，清除田园杂草，以减少病虫害发生。

(46) 紫长条茄　上海市农业科学院育成的一代杂种。株高 60～70 厘米，开展度 50～60 厘米，茎秆紫黑色。第一果着生于主茎 8～9 叶节上方。果实长棒形，长 25～30 厘米，粗 2～3 厘米，顶部钝尖，外皮紫黑色，单果重 75～100 克。早熟种，耐寒。每 667 米^2 产量为 4 000～5 000 千克。适于上海地区春季塑料小棚或大棚栽培。上海地区 10 月下旬至 11 月上旬保护地播种育苗，分苗 1 次，翌年 3 月上旬至 4 月上旬定植于塑料棚中。露地栽培，翌年 4 月下旬至 5 月上旬定植。行距 40～60 厘米，株距 30～40 厘米，5 月上旬揭除薄膜，追肥 3～4 次，应用植物生长激素防止落花，生长盛期适当剪去部分老叶，加强肥水管理，防治红蜘蛛、茶黄螨和绵疫病。

(47) 宁波藤茄　宁波市地方品种。生长势强，株高 62 厘米左右，开展度约 58 厘米，茎粗 2～2.5 厘米，且上下粗细匀称，单果重 500 克左右，果皮紫黑、光滑、发亮，肉白色，品质优。中晚熟，耐热性强，较抗病，一般每 667 米^2 产 3 500 千克以上。适宜春季恋秋栽培。一般 10 月底至 11 月初播种，4 月中旬露地定植。每 667 米^2 栽 2 500 株左右，施足基肥，适时追肥，及时打叶整枝，适时采收。

(48) 紫衣天使　早熟杂交种，植株紧凑，生长势较强，抗病，果实长棒形，最长可达 50 厘米，横径 6～8 厘米，单果重 400～600 克，果皮油黑润泽，肉白细嫩，籽少，商品性极佳，每 667 米^2 产量可达 5 000 千克，是较理想的接穗品种，嫁接栽培产量可加倍。适合保护地或露地栽培，每 667 米^2 保苗 3 000 株。定植后每 667 米^2 随水追施尿素 20 千克，收门茄后及时追肥灌水。

(49) 秀玉茄子　福建省环农种苗有限公司培育。耐热，耐湿，且抗青枯病性极强，对土壤适应性广，易栽培，生长迅速强健，株型直立半开张，株茎紫红，果形直长呈紫红色，果肉白色，皮薄肉细，品质软，果长 30～35 厘米，横径约 3 厘米，着果率高，产量甚丰。

(50) 93188 长茄子　中国农业科学院蔬菜花卉研究所选育的优良品种。株型直立，生长势强。单株结果数多，果实长棒形，长 30～35 厘米，横径 5～6 厘米。单果重 250～300 克。果色紫黑，有光泽，肉质致密细嫩，籽少。果实耐老，耐贮运；抗病性、抗逆性强。中早熟种。每 667 米^2 产 4 000 千克以上。适宜露地和保护地栽培。适宜华北、西北及东北地区种植。行距 66 厘米，株距 40～50 厘米，每 667 米^2 栽苗 2 000～2 500 株。

18. 优良的圆茄品种有哪些？

圆茄品种一般植株高大，叶宽而厚，果实为圆球形、扁圆球形或椭圆球形，皮色紫、黑紫、红紫或绿白。不耐湿热，中国北方栽培较多。多数品种属中、晚熟，主要品种有六叶茄、九叶茄、天津二芪茄、七叶茄、丰研1号、丰研2号、天津快圆茄、圆杂2、新乡糙青茄、黑圆星茄子、大民茄、青棱茄、滨州圆茄、沧海2号、黑贝1号圆茄、毛圆茄、紫光大圆茄、圆丰1号、圆茄王、辽茄8号、圆杂1茄、京研2号、京茄1号、安阳大红茄、先锋茄子、蒙茄4号茄子等。

（1）六叶茄　北京市地方品种，1984年通过北京市农作物品种审定委员会认定，为高产、质优、适应性强的早熟圆茄品种。株高约70厘米，开展度90厘米，生长势中等。第一果着生于主茎6叶节上方。果实圆球形或略扁圆形，果纵径8～10厘米，横径10～12厘米。外皮紫黑色，有光泽，果肉浅绿白色，肉质致密、细嫩，品质好，单果重400～500克。耐低温，耐热性差，不耐涝，抗病虫能力弱。适于春季露地地膜覆盖早熟栽培和塑料大棚、中小拱棚栽培，每667米^{2}产量2 500～3 000千克。适于北京及华北部分地区种植。北京地区1月份阳畦播种育苗，4月下旬露地加盖地膜定植，行距53厘米，株距40厘米。中小拱棚栽培，7月上旬播种育苗，8月上旬定植。塑料大棚栽培，12月下旬保护地播种育苗，翌年3月下旬定植。

（2）九叶茄　北京市地方品种。株型直立，生长势强，株高约1米，开展度1.2米，侧枝生长较直立。第一果着生于主茎9叶节上方。结果多而大。果实扁圆球形，外皮黑紫色，有光泽。果肉浅绿白色，肉质致密、细嫩，籽少，品质好，单果重1 000克。晚熟种，定植后约60天采收。耐热性较强，耐涝性和抗病性较差，易受茶黄螨、红蜘蛛为害。适宜夏季露地栽培，可恋秋栽培，每667米^{2}产量为3 000～5 000千克。北京地区4月中下旬至5月上旬露地播种育苗，5月下旬至6月下旬定植，适于春露地和夏播种植，是华北、西北地区的主栽品种，苗龄春播70～80天，夏播50～55天。株行距50×83厘米，667米^{2}栽苗1 600株，用种量25～50克。适于北京、华北、西北地区种植。

（3）天津二苠茄　天津市优良地方品种，经天津市蔬菜研究所多年提纯复壮而成。株高约70厘米，开展度约60厘米，门茄着生在第七、八节。果实圆球形或略扁，商品果横径12～15厘米，纵径10厘米以上，表皮紫色，果顶部位略浅，有光泽。单果重750克以上，最大果实可达1 500克。果肉白色，致密而细嫩，种子较少，品质优良。天津二苠茄为中熟品种，较耐盐碱、高温和高湿，喜肥水。以春露地早熟栽培为主，亦可恋秋延后栽培。若采取整枝（摘除第一个侧枝）亦可作保护地栽培。一般每667米^{2}产量可达5 000千克左右。一般每667米^{2}定植1 200～1 500株，若整枝，可每667米^{2}定植2 500株。覆盖地膜和加强防涝是早熟、增产和防止烂茄子的重要措施，并要及时防治绵疫病、褐纹病、红蜘蛛和茶黄螨。

（4）七叶茄　北京市地方品种，1987年通过北京市农作物品种审定委员会认定，为高产、质优的中早熟圆茄品种。植株生长势强，株高80～90厘米，开展度1～1.2米，始花节位7～8节。果实微扁圆形，纵径10厘米左右，横径14厘米左右。皮紫黑色，有光泽。果肉浅绿白色，肉质致密、细嫩，单果重600～800克，每667米^{2}产3 500千克以上。中早熟品种。耐热性较强，抗病性较差，不耐涝，耐短期贮运。适于春季露地栽培，也可用于塑料大棚和中小拱棚栽培，每667米^{2}产量为3 000～5 000千克。适于北京、天津及华北部分地区种植。北京地区1月中旬至2月上旬阳畦播种育苗，4月底至5月初定植，行距67～83厘米，株距40～47厘米。门茄收获后进行培土，防止倒伏。及时摘除门茄以下的侧枝叶，有利通风。雨季防涝、排涝，注意防治病虫害。

（5）丰研1号（又名黑又亮） 北京市丰台区农业科学研究所从混合杂交后代中经多年连续单株筛选而成的常规品种，1989年通过北京市农作物品种审定委员会审定。株高约80厘米，植株较直立。茎秆紫色，叶窄小，叶面着生细密的短刺毛，叶脉及叶柄上有刺，萼片、果柄上亦有均匀稀疏的短刺毛。第一果着生于主茎9叶节上方。果实近圆或稍扁圆形，外皮深紫色，有光泽。果肉浅白绿色，肉质致密、细嫩，品质好，单果重500～700克。晚熟，从播种至始收100天左右。抗逆性强，耐热、耐涝，较抗黄萎病、绵疫病、病毒病和茶黄螨。适于夏季露地栽培，每667米^{2}产量为3 500千克。适于北京地区种植。北京地区夏季栽培，4月上旬至4月下旬播种育苗，6月中下旬定植。大小垄栽培，大垄行距70～80厘米，小垄行距30厘米，株距50厘米，每667米^{2}栽苗2 300～2 600株。生长期及时摘除侧枝，门茄收获后及时中耕培土，防止倒伏。

（6）丰研2号 北京市丰台区农业技术推广中心1990年以808-3-1-6和811-9-1-6两个自交系为亲本育成的茄子早熟一代杂种。株高75厘米左右，开展度65厘米左右，植株直立，叶稀，适宜密植。主茎6叶开花结果，门茄比北京六叶茄早熟7天左右。果形扁圆，果皮黑紫有光泽，品质好，海绵组织实。单果重500克左右。坐果率高。适合早春保护地栽培。一般每667米^{2}产4 000千克。大棚种植于12月中、下旬播种，苗龄90天，定植期在第二年3月份的中、下旬。定植前1周进行幼苗锻炼，定植地块每667米^{2}施农家肥5 000～7 500千克，磷、钾肥15千克。每667米^{2}定植2 900～3 400株。定植缓苗后各浇一水，然后中耕。门茄长到2～3厘米时浇水，以利果实的膨大，门茄、对茄收获前各追一次肥，每667米^{2}施15千克复合肥或25千克碳酸氢铵。开花时用生长素蘸花，以促果实膨大。适于华北、华东、东北等地区种植。

（7）天津快圆茄　天津市西郊区的地方品种。株高60～70厘米，开展度70厘米。茎秆紫色，叶长卵形、绿色，叶缘波状，叶柄及叶脉浅蓝色。第一果着生于主茎6叶节上方。果实近圆形，纵径10厘米，横径12厘米，外皮紫红色，有光泽。肉质紧实，单果重500克左右。早熟，定植至始收约45天，果实生长快，前期产量高，耐寒性强，抗病虫能力较强。每667米^{2}产量2 000千克。适于天津及华北部分地区种植。天津地区于1月上旬播种育苗，4月中下旬定植，行距50厘米，株距40厘米，6月上中旬始收，7月底拉秧。

（8）圆杂2　中国农业科学院蔬菜花卉研究所育成的中早熟圆茄一代杂种。生长势强，连续结果性好，单株结果数多。果实圆球形，纵径9～11厘米，横径11～13厘米，单果重400～750克。果色紫黑，有光泽，商品性好。肉质致密、细嫩。每667米^{2}产4 500千克以上。适于保护地、春露地和夏播栽培。北京地区春露地栽培，2月上、中旬播种，4月底至5月初定植。株、行距50厘米×66厘米，每667米^{2}栽苗2 000株。保护地栽培苗龄90～100天，夏播栽培苗龄55天左右。每667米^{2}用种量25克，适宜在华北、西北地区种植。

（9）新乡糙青茄　河南省新乡市郊区农家品种。1991年通过河南省农作物品种审定委员会认定。株高65～80厘米，植株高大，生长势强。第一果着生于主茎6～7叶节上方，果实卵圆形，外皮青绿色。果肉绿白色，肉质致密、味甜，品质好，单果重356克。早熟品种，全生育期为210天。喜温，耐热，抗病，雨水过大时易烂果。适宜春季露地栽培，每667米^{2}产量为5 000千克左右。适于河南、河北、内蒙古、辽宁等省（自治区）种植。河南地区12月上中旬温室或阳畦育苗，翌年2月上旬分苗，苗距10～13厘米，4月中旬定植，大小垄栽培，宽行75～85厘米，窄行46～53厘米，株距26厘米，每667米^{2}栽苗3 750株。

结果前期少浇水，勤中耕，以提高土壤温度，促进根系生长。中后期及时浇水、施肥，注意防治病虫害。

（10）黑圆星茄子　属中早熟品种。株高 80～90 厘米，开展度 80 厘米，果实近圆形，黑紫色，平均单果重 500 克左右，果肉浅绿色，肉质细嫩，较坚实。耐寒，喜水肥，较抗黄萎病，每 667 米^2 产 4 000 千克左右。

（11）大民茄　天津市地方品种，1987 年通过天津市农作物品种审定委员会认定。株高 90～100 厘米，开展度 95 厘米。茎秆紫色，叶长卵圆形，绿色，叶柄及叶脉紫色。第一果着生于主茎 9 叶节上方。果实近圆形，外皮紫红色，有光泽，果顶处稍平。果肉白色、细密、细嫩、籽少，品质好，单果重 1 000 克，最大单果重 2 000 克以上。晚熟品种，定植至始收 60 天左右。耐热，抗病，喜肥水，丰产性好。适于春季露地栽培，亦可作恋秋栽培，每 667 米^2 产量为 7 000 千克左右。适于天津、内蒙古、河北等地种植。天津地区 1 月底保护地育苗，5 月上旬定植，春季恋秋栽培，每 667 米^2 栽苗 1 000 株左右；不作恋秋栽培，可适当加大密度。施足底肥，结果期加强肥水，注意排涝以防烂果。适时打底叶或整枝。

（12）滨州圆茄　滨州地区种子公司经多年筛选而成。该品种根系发达，生长势旺盛，株高 70～80 厘米，主茎高 30 厘米左右，株型紧凑，开展度 60 厘米。茎秆紫黑色，附有较密的刺毛。叶长椭圆形，略带紫红色。花紫红色，单生或双生。果实紫红色，圆球形，光泽好，果脐小，平均单果重 500 克。此品种为中早熟品种，第一花着生节位 7～8 节，门茄从开花到采收为25～30 天。该品种连续结果性强，喜大肥大水，耐低温弱光，非常适合保护地栽培。滨州地区早春保护地栽培一般在 12 月上旬育苗，3 月上旬定植。定植行、株距为 60 厘米×60 厘米，一般每 667 米^2 栽苗 1 800～2 000 株。定植前要施足基肥，一般每 667 米^2 施优质农家肥 3 000 千克、磷酸二铵 25 千克。定植后肥水管理以促为主，缓苗后追施尿素，每 667 米^{2}10 千克。开花后 7～9 天门茄进入瞪眼期，要及时浇大水。整个结果期土壤要保持湿润。滨州圆茄为山东省滨州地区的茄子主栽品种。该品种既适合露地栽培，也适合早春保护地栽培，是一个高产、优质、适应性广的优良圆茄品种。

(13) 沧海 2 号　河北省沧州市农林科学院和沧海园艺场从农家品种筛出的优良单株，并进行自交培育而成。植株生长势强，属中晚熟品种，果实扁圆形，深紫黑色，有光泽，平均单果重 1.5 千克以上。门茄平均 3 千克以上。春栽 1 月份育苗，4 月中下旬定植，夏栽 4 月份育苗，6 月上中旬定植。适于全国各地栽培。露地栽培，平均每 667 米^2 产 8 000 千克以上。单株产量在 8～10 千克。该品种喜肥水，定植前每 667 米^2 沟施优质腐熟有机肥 5 000 千克加磷酸二铵 25 千克。定植行、株距 100 厘米×80 厘米，定植后及时浇水缓苗，中耕除草，整个栽培过程分 3 次培土。门茄显蕾前必须喷一次菊酯类农药，防治虫害。

(14) 黑贝 1 号圆茄　母本为天津二苠茄高代自交纯化分离的品系 98-24，父本为 98-8 品系。该品种生长势强，株型紧凑，植株开展度小，直立性强；叶片绿色略带紫色，叶柄紫黑色；中熟，门茄着生于第八至九节，坐果能力强；果实圆球形，紫黑色，果形指数 0.93；平均单果质量 580 克，最大达 910 克；商品品质优良，果皮黑亮较厚，耐运输，果肉脆嫩洁白，褐变很轻，烹饪色泽好，口感风味佳；耐寒能力较强。生产试验平均每 667 米^2 产 7 000～8 000 千克。适于华北地区棚室春提前和秋延后及露地栽培。

(15) 毛圆茄　辽宁五星毛圆茄，色泽紫黑，皮厚，商品性好，每 667 米^2 产量高达 5 000～10 000 千克，耐贮运，秋延迟栽培可补充秋淡季蔬菜市场。播期为夏秋栽培 6 月上旬至中旬，秋延迟栽培 6 月中旬至下旬。每 667 米^2 用种 50 克。播种前将种子浸泡 4～6 小时，于阴凉处晾干，然后拌细土均匀撒入苗畦，再覆盖0.5～1厘米厚的过筛细土。出苗后及时遮阳，进行浇水、除草、间苗等管理，并适期进行定植。其他各生育期加强管理。

(16) 紫光大圆茄　河北省永年县紫光蔬菜研究所选育的新品种。紫光大圆茄为中、早熟品种，植株生长旺盛，株型较紧凑，成株高150厘米左右，分枝力强，主茎粗壮，叶片肥大，高抗绵疫病，中抗黄萎病。果实为圆形，果皮紫黑闪亮，无青顶、白顶，果肉乳白色，味甜，果肉高抗褐变，烹熟后仍为乳白色。种子少，种粒小。平均单果重500～750克。该品种适宜春提前及秋延迟在大、中拱棚栽培，每667米^{2}产6 000千克以上。该品种在北京、天津、河北、山西等地销售极受欢迎。秋延迟大、中拱棚栽培，7月上、中旬播种育苗，9月上旬定植，株距40厘米，行距70厘米，也可分双行大小垄栽培。随植株生长，去门茄以下萌芽，中耕2次，培土护根。因该品种生长势强，需施足基肥。一般每667米^{2}施优质有机肥5 000千克以上，磷肥40千克，磷酸二铵30千克，前期以控水为主，采门茄后，随水追施磷酸二铵20千克，以后看墒情及长势浇水施肥。植株整个生育期，应喷施磷酸二氢钾肥液2次，同时注意防治茶黄螨。适宜在河北、北京、天津、山西、山东、河南、黑龙江、吉林等省（直辖市）种植。

(17) 圆丰1号　天津科润农业科技股份有限公司蔬菜研究所（天津市蔬菜研究所）最新育成的杂交一代早熟品种，已通过省级农作物品种审定委员会认定。门茄着生于第七节位，株高70厘米，开展度65厘米，果实深紫色，扁圆形，发育速度快，肉质洁白细嫩，品质极佳，单果重550克。较耐黄萎病和根腐病。每667米^{2}定植2 000～2 200株，产量4 500～5 000千克，适合早春保护地和春露地栽培。适合华北、西北及中原地区早春保护地和春露地栽培。

(18) 湘早茄　湖南省农业科学院园艺研究所育成的一代杂种。1987年通过湖南省农作物品种审定委员会认定。株高约85

厘米，开展度53厘米，株型较紧凑。第一果着生于主茎6～8叶节上方。果实长卵圆形，外皮紫黑色。果肉白绿色，肉质疏松，品质中等，单果重200克左右。极早熟，早期坐果率高。适于春季露地早熟栽培，也可作越夏栽培，每667米^{2}产4 000～5 000千克。耐寒性强，耐低温弱光，不耐高温干旱，抗病性中等，耐长途运输。适合于喜吃卵圆茄的地区作露地或大棚、温室等保护地早熟栽培。长沙地区12月下旬至翌年1月上旬保护地播种育苗，4月上旬定植，行距53～60厘米，株距46～53厘米。

（19）朗高　该品种植株生长旺盛，开展度大，花萼小，叶片中等大小，无刺，早熟，丰产性好，采收期长。适于冬季温室和早春保护地种植。果实长形，果长25～32厘米，直径6～8厘米，单果重300～350克，果实紫黑色，绿把、绿萼，质地光滑油亮，比重大，味道鲜美。货架寿命长，商业价值高，每667米^{2}产15 000千克以上。

（20）圆茄王　又名霸王茄，经多年提纯选育而成，属晚熟品种。果实椭圆形，黑紫色有光泽，果肉白而细嫩，品质佳，抗病耐贮。株高100～150厘米。单果重1.5～2千克，最大单果重达4千克，一般每667米^{2}产1.2万千克，高产达1.5万千克以上。圆茄王可称得上是目前国内珍稀、优质、最高产的茄子品种。每667米^{2}用种40克左右。

（21）辽茄8号　辽宁省农业科学院园艺研究所培育的紫圆茄杂交种。果实圆形，单果重300克左右。果皮黑紫色，极亮，商品性好。果肉白色，质地紧密，耐运输。早熟，生育期110天。产量高，平均每667米^{2}产5 500千克。耐低温弱光，在弱光下果实着色好。适合春提早、露地、秋延迟栽培。育苗时土温在20～25℃为宜。注意防“带帽”出苗现象，可用喷雾器于傍晚把种壳喷湿，让子苗夜间脱帽。8～9片真叶时定植，及时中耕。田间管理时适当增施肥水，采用双干整枝，封垄后，将基部衰老叶片及病叶分次摘除。要注意及时排除田间积水防止病虫害发生。

(22) 圆杂1茄　中国农业科学院蔬菜花卉研究所育成的圆球形品种。植株生长势中等，单株结果数多。果实圆球形，纵径8～10厘米，横径10～11厘米，单果重400～500克。果色紫黑光亮，商品性好。在低温下坐果能力强，比圆杂2早熟10天左右。每667米^{2}产3 500千克左右。适于春露地、保护地及秋冬日光温室栽培。北京地区春露地栽培，2月上、中旬播种，4月底至5月初定植。株、行距50厘米×60厘米，每667米^{2}栽苗2 000株。保护地栽培苗龄90～100天，每667米^{2}用种量25克。适宜在华北、西北、东北地区种植。

(23) 京研2号　北京蔬菜研究中心最新育成的中早熟圆茄一代杂交种。植株生长势强，叶色浓绿，叶片大，茎粗壮；花器官较大，果实发育速度快，连续结果能力强，平均单株结果数10个以上，单果重500～750克，每667米^{2}产5 000千克以上。果实圆球形，果皮紫黑发亮，果肉浅绿白色，肉质致密细嫩、品质佳。该品种抗黄萎病，后期植株不易衰老，再生能力强。适于大棚、小拱棚覆盖露地早熟栽培和夏秋栽培。北京地区小拱棚覆盖露地栽培1月上旬播种育大苗，4月中旬定植于小拱棚内，5月上中旬撤除小拱棚，露地生长。春露地栽培，1月下旬播种，4月底定植；行、株距60厘米×50厘米，每667米^{2}栽2 200株左右。花期用20～30毫克/千克2，4-D蘸花，后期注意整枝打老叶，可明显促进果实膨大，有利于果实着色。

(24) 京茄1号　北京蔬菜研究中心最新育成的早熟圆茄一代杂种。早熟，始花节位7～8片叶，对低温适应性强。植株生长势强，叶色紫绿，株型半开张，比较紧凑，连续结果性好，平均单株结果数8～10个，单果重400～500克。果实扁圆形，紫黑发亮，果肉浅绿白色，肉质致密细嫩、品质佳。该品种低温下果实发育速度较慢，前期产量比北京七叶茄增产30%以上。适于温室及大、中棚等保护地栽培。北京地区日光温室栽培，一般

10月底播种，翌年2月初定植，春大棚栽培12月底至翌年1月初播种，3月中下旬定植。行、株距60厘米×40厘米，每667米^{2}栽3 000株左右。花期用20～30毫克/千克2,4-D蘸花，后期注意整枝打老叶，以利通风透光。

(25) 安阳大红茄　河南省安阳市蔬菜研究所选育的常规品种，1990年通过河南省农作物品种审定委员会审定。株高120厘米，开展度80厘米，茎秆粗壮，抗倒伏，8～9叶节始花。叶片大，叶长30厘米，宽24厘米，绿色，叶面有茸毛，茎、萼片和叶脉紫红色。果实近圆形，果面光滑，紫红发亮，果肉细嫩洁白，品质上等。单果重1～1.5千克。根系发达，适应性强，耐热，高温季节仍能正常开花结果，抗病性强。晚熟，定植到门茄上市50～60天，春栽每667米^{2}产5 000千克以上，夏栽每667米^{2}产3 500～4 000千克。适宜华北各地春、秋两季露地栽培。每667米^{2}栽1 500株。

(26) 先锋茄子　正大交配紫圆茄品种。该品种着果力强，膨大迅速，株型稳健，抗逆性强，单果重750～1 000克，外观商品性佳，肉厚籽少，不易老化，货架期长。

(27) 蒙茄4号茄子　内蒙古自治区呼和浩特市蔬菜科学研究所选配的一代杂种。1999年通过内蒙古自治区农作物品种审定委员会审定。植株高70～80厘米，株幅69.4厘米，生长势强。门茄着生在第七至第八节上，平均单株结果4～6个。果实近圆形稍扁，纵径11～8厘米，横径12～12厘米。单果重400～450克。果皮深紫色，有光泽，果肉紧密、细白，品质好，商品性好。耐贮运，中早熟。每667米^{2}产4 500千克左右。露地栽培。适宜于内蒙古自治区各地需地种植。呼和浩特地区3月中下旬播种育苗，苗龄70～80天。每667米^{2}栽苗3 200～3 300株。开花时期气温较低，用15～20毫克/千克2,4-D蘸花，或用20～30毫克/千克番茄灵喷花，可防止落花落果。

19. 优良的灯泡茄品种有哪些?

灯泡茄品种多数属早熟种，植株较矮，叶小而薄，果实为卵形至长卵形。种子较多，品质劣，有辽茄2号、新乡糙青茄、辽茄5号、紫灯泡、济丰3号灯泡茄、真绿茄、湘早茄、浙茄75、济南一窝猴、北京小圆茄、大茄子、南京电灯泡茄、日本茄（又称灯泡茄或一口茄）、中灯泡茄、长茄2号灯泡茄等。

（1）辽茄2号　辽宁省农业科学院园艺研究所从辽阳农家品种白荷包的天然杂交群体中系统选育而成的常规品种。植株生长直立，株高55.2厘米。茎秆绿色。叶片椭圆形，绿色，叶缘波状。叶柄及叶脉均为绿色。花序单生，两性花。第一花着生于7～8节上，每一朵花间隔2片叶，花冠整齐，通常五裂，浅紫色。果为大灯泡形，纵径15厘米，横径8厘米，果皮鲜绿有光泽，果肉白色。平均单果重300克。在辽宁为中早熟种。一般每667米^{2}产3 000～4 000千克。果实味甜，肉细，适口性好，质优。适于辽阳、鞍山、海城、沈阳、铁岭等地作露地、保护地栽培。株矮健壮，不易倒伏，适于密植，每667米^{2}保苗3 000～4 000株。忌在排水不良的涝洼地栽培。

（2）辽茄5号　辽宁省农业科学院园艺研究所用母本自交系88-2和父本自交系H11配制而成的高产、抗病、早熟茄子新品种，已于1998年10月通过辽宁省农作物品种审定委员会审定。植株生长势强，株高70厘米，株幅60厘米。叶片、叶脉、叶柄均为绿色。两性花，花序单生，花冠浅紫色，通常5裂。果实膨大快，较整齐，呈长椭圆形，纵径长18厘米，横径长6.5厘米，单果重300克。果皮油绿色，有光泽，果肉乳白色、肉质嫩。种子千粒重5克。较抗黄萎病和绵疫病。从播种到商品果始收期仅需110天左右，在同类蔬菜中属于早熟品种。要选择土质肥沃、地势较高、排灌方便的地块种植，切忌连作或迎茬栽培。露地栽培每667米^{2}保苗3 000株左右，保护地栽培每667米^{2}保苗3 500株左右。要以施用优质腐熟农家肥为主，适时适量施用化肥。生育期要注意防治病虫害。

（3）紫灯泡茄　辽宁省农业科学院园艺研究所从农家品种提纯复壮而成，具有早熟、高产、抗病的优点。1月下旬温室育苗，分苗2次，4月下旬割坨，促进发根蹲苗。适时定植，合理密植。5月中旬定植，株、行距49.5厘米×59.4厘米，每667米^{2}栽4 750株。在栽培期间加强田间管理。及时打杈摘叶，采收时用剪刀剪切果柄。

（4）鲁茄3号　又名济丰3号，系济南市种子公司1994年育成的茄子一代杂交种。母本为从贵州省凯里县引进的凯里大黑茄选育的自交系KT87-40，父本为从厦门市同安县亭洋镇引进的厦门紫黑茄中选育的自交系XS88-39。该品种植株生长势强，株高1.4～1.6米，开展度1.2米左右，主茎第九至十片叶处着生花序，果实卵圆形，果形指数1.8左右，果皮紫黑色，单果重500～600克。为中晚熟品种，定植后55～60天开始采收，采收期达140天以上。该品种耐热、耐涝、耐运输，抗病性、适应性较强，但品质一般。

（5）真绿茄　辽宁省农业科学院园艺研究所育成的茄子新品种，已通过辽宁省种子管理局组织的专家鉴定。该品种植株为直立型，生长势较强，株高76.1厘米，开展度70.2厘米；茎秆、叶片和叶脉均为绿色，叶片肥大，叶缘波状；花紫色，果实椭圆形，纵径18厘米，横径7厘米，单果重350克，果皮鲜绿色并富有光泽，果肉白色，松软细嫩，味甜质优，商品性状好，经济效益高。对黄萎病和绵疫病等病害均有较强的抵抗能力，高产性和稳产性好，增产效果显著。真绿茄具有广泛的适应性，在辽宁省乃至全国大部分地区都可用于露地栽培和保护地栽培。

（6）湘早茄　湖南省农业科学院园艺研究所育成的一代杂种，1987年通过湖南省农作物品种审定委员会认定。株高约85

厘米，开展度53厘米，株型较紧凑。第一果着生于主茎6～8叶节上方。果实长卵圆形，外皮紫黑色。果肉白绿色，肉质疏松，品质中等，单果重200克左右。极早熟，早期坐果率高。适于春季露地早熟栽培，也可作越夏栽培，每667米^{2}产4 000～5 000千克。适于湖南省种植。长沙地区12月下旬至翌年1月上旬保护地播种育苗，4月上旬定植，行距53～60厘米，株距46～53厘米。

(7) 浙茄75　果实灯泡形，表皮油绿光亮，商品性好，单果重450克。株高60厘米，开展度35厘米。

20. 优良的紫茄品种有哪些?

紫茄因为果实中富含红色素，成熟时其皮呈紫黑色，故称为紫茄。目前生产上常用的紫茄品种有：六叶茄、七叶茄、九叶茄、丰研1号、丰研2号、龙茄1号、齐茄3号、长茄1号、苏州条茄、紫线茄、济南长大茄、长虹2号、辽茄7号、辽茄4号、鲁茄1号、鲁茄3号（又名济丰3号）、天津快圆茄、中日紫茄、圆杂1、圆杂2、9318长茄2、苏崎茄2、黑秀茄2、圆丰1号、湘早茄2、蓉杂茄1号茄子、吉茄2号茄子、郎高、齐东紫茄、紫光大圆茄、玫茄1号茄子、郑州早紫茄、丰宝紫红茄、紫罐茄、快圆茄、紫长茄3号、西安紫圆茄、黑快茄、黑又亮、京茄15号、超极限、黑旋风紫长茄、罗兰紫茄等。

(1) 齐茄3号　齐齐哈尔市蔬菜研究所从盖县长茄×伊春茄后代系统选育而来的品种。植株生长势强，株高75～90厘米，开展度65～70厘米。叶卵圆形，叶色浓绿。茎黑紫色，有绿纹，始花节位9～10节。果实长条形，果尖渐尖，果皮黑紫色，有光泽，标准果长30～35厘米，果粗5厘米左右，果肉清白色。种子扁平，圆形，黄色，千粒重3.5～4.0克。在齐齐哈尔属中熟品种，从播种至第一次收获需118～122天。平均每667米^{2}产

2 000千克。果质松软，不易老化，品质优良。较抗黄萎病，不抗绵疫病、褐纹病。适于黑龙江省各地露地栽培。齐齐哈尔地区3月上旬播种育苗，5月下旬定植。行、株距60厘米×30厘米～70厘米×30厘米，加盖地膜，促早熟高产。每667米^{2}施农家肥5 000千克作基肥。6～8月份生长旺季追施3～5次氮肥，防止脱肥减产。及时防治红蜘蛛。

(2) 长茄1号　吉林省长春市蔬菜研究所从盖平大鹰嘴茄子中系统选育而成。株高90～100厘米，开展度60厘米左右。茎叶紫绿色，主茎第八至九节着生第一朵花。果实细长有鹰嘴，果长20～24厘米，横径5～6厘米。果实黑紫色，有光泽，肉质嫩，籽小，单果重150～250克。在内蒙古自治区属中晚熟品种，生长期100天。喜水肥。耐热，耐低温。抗黄萎病性强，但后期易得绵疫病。耐贮藏。适于内蒙古自治区哲里木盟及黑龙江省佳木斯等地种植。在内蒙古自治区于3月下旬育苗，5月中旬定植，每667米^{2}保苗2 600～3 000株，在黑龙江省生长期为200～210天，佳木斯郊区3月上、中旬温室育苗，4月中、下旬移植于大棚，5月下旬定植。株、行距40厘米×60厘米，每667米^{2}2 800株。每667米^{2}施优质农家肥5 000千克作基肥。每667米^{2}产3 000～3 500千克。

(3) 苏州条茄　由原中国农业科学院江苏分院园艺研究所育成的一代杂种。株高60～70厘米，开展度50～60厘米。门茄着生于主茎第八至九叶节上方。果实细长条形，长20～30厘米，横径约2.5厘米。外皮黑紫色，有光泽。果肉细软，籽少，品质优良。单果重120～150克。早熟。抗性较强。适于春季塑料小拱棚或露地地膜覆盖早熟栽培。每667米^{2}产2 000千克。南京地区10月中、下旬保护地播种育苗，春季塑料小拱棚加盖地膜栽培，3月下旬至4月上旬定植，5月上、中旬开始收获，7月份加强追肥，可越夏持续收获到9月。

(4) 紫线茄　又名鳝鱼头，湖北省武汉市地方品种。株高

60～70 厘米，开展度 60 厘米左右。门茄着生于主茎 6～7 叶节上方。果实长条形，长 20～26 厘米，横径 4～5 厘米，顶部稍粗，顶端略尖。外皮紫色，光滑，肉质松而柔嫩。单果重 100～150 克。早中熟。较耐老，久雨多湿时易染绵疫病。每 667 米^2 产 2 000 千克左右。适于湖北省春季露地栽培。武汉地区 11 月中旬至 2 月上旬保护地播种育苗，4 月上旬定植，行距 125 厘米左右，株距约 26 厘米，5 月下旬至 7 月下旬收获。

（5）济南长大茄　济南市地方品种。植株高大，生长旺盛，高度在 1 米以上。第九节着生第一花。果实长卵圆形，长 20 厘米，横径 8～10 厘米，果皮黑紫色，有光泽，果肉白色，肉质疏松，品质好，单果重 400～500 克。该品种中熟，适于露地栽培。

（6）辽茄 7 号　辽宁省农业科学院园艺研究所选育的保护地（日光温室、大棚）专用紫长茄杂交种。该品种耐低温弱光，在弱光下果实着色良好，高产、优质、耐贮运，商品性极佳，备受农民的欢迎，是保护地栽培茄子的首选品种。果实长形，长 20 厘米，粗 5 厘米，单果重 120～150 克，每 667 米^2 产量 5 000 千克左右。果皮紫黑色，有光泽，商品性好，品质佳，果实肉质紧密，口感好，耐运输。该品种可作早熟栽培和越冬栽培，其株型属于上冲型，尤其适合保护地密植栽培。早熟栽培的早茄子秧苗在定植时应有 8～9 片真叶，用营养钵育苗，从播种到始收100～105 天。该品种比较适合密植栽培，株距 40 厘米，行距 50 厘米，一般每 667 米^2 栽 3 300 株左右。定植后 4～5 天秧苗恢复生长，即可追施粪肥或化肥提苗，一般结合浅中耕进行。开花后至坐果前，应适当控制肥水供应，以利于开花坐果，根据植株生长情况，如基肥充足，植株生长良好，可不施肥，如基肥少，植株生长较差，可追一次稀释的人畜粪。门茄坐果后至第三层果实采收前，此期果实开始采收，植株除继续生长枝叶外，不断开花结果，应及时供给肥水，应每隔 4～6 天灌溉一次，并追施速效肥料。第三层果实采收后为盛果期，此时天气已渐炎热，除注意供水外，一般应采收一次追一次肥。一般采用双干整枝，即在门茄下留一个枝杈，将其他枝叶全都打掉，以后放任其生长。植株封垄以后，可将基部衰老叶片及病叶分次摘除。保护地栽培可用10毫克/升 NAA 或 30～40 毫克/升 2,4-D 涂抹或蘸花。

(7) 辽茄4号　以 H3 自交系为母本，Z 自交系为父本杂交育成的早熟紫长茄杂交种。1990 年 7 月经辽宁省农作物品种审定委员会审定命名推广，1995 年获辽宁省农业厅科技进步一等奖、辽宁省政府科技进步三等奖。该品种从播种到始收需 107 天左右，比各地主栽对照品种早收 3～14 天，从开花到商品茄果采收，一般为 14～18 天。植株高 51.2 厘米，中间型，开展度 66 厘米。茎秆分枝次数较多、再生能力强。果实长棒槌形，黑紫色，有光泽，果皮薄，果肉松软，平均单果重 0.16 千克。抗黄萎病和绵疫病。适于喜好紫长茄栽培的地区作春露地一季、半季栽培，或保护地栽培。辽茄4号株矮，不易倒伏，适于密植，每 667 米^2 保苗约 3 000～4 000 株。小拱棚覆盖栽培可大垄双行，大行距 66 厘米，小行距 33 厘米，覆盖 33 天，也可将棚宽改为 2.2 米，每棚栽植 4 行。露地栽培，通常为垄作，行距 60 厘米，株距 40 厘米。分枝多，宜采用三干整枝法。

(8) 鲁茄1号　该品种是早熟品种，成株高 70～80 厘米，叶片小而细长。门茄着生于第六至七节。果实长卵形，皮黑紫色，肉质柔嫩，种子少，品质优良。坐果率高且集中，前期产量高，适于春季早熟栽培。每 667 米^2 栽植 3 000～3 500 株，每 667 米^2 产 3 000～3 500 千克。

(9) 鲁茄3号　又名济丰3号，植株长势强，茎粗壮。主茎第九至十节始花，果实长卵圆形，紫黑油亮，果长 20～25 厘米，横径 10～12 厘米，单果重 500～700 克。果肉致密、味甜，耐贮运，品质佳。耐热耐涝，适应性、抗病性强。每 667 米^2 产6 000 千克以上。

(10) 玫茄1号茄子 福建省农业科学院选配的一代杂种，1998年通过福建省农作物品种审定委员会审定。植株生长势强，株高64.4厘米，开展度81.4厘米，分枝性强。茎绿紫色，叶片绿色带紫晕。果形细长稍弯，果长30～33厘米，果径4厘米。果皮紫红色，着色均匀光亮。单果重180克。果肉乳白色，肉质细嫩，商品性好。较抗绵疫病。早熟种。每667米^{2}产2 000～3 000千克。延后栽培产量较高。适宜于福建、浙江、江西、广东等省露地种植。福建省秋季栽培，10月中旬至11月上旬播种，幼苗长至3片真叶时适时假植越冬。当气温低于10℃时，越冬苗及时用小拱棚或大棚保温。霜期过后且幼苗现蕾时及时定植，实行地膜覆盖栽培。及时防治蚜虫、红蜘蛛、立枯病和绵疫病等病虫害。

(11) 9318长茄 中国农业科学院蔬菜花卉研究所育成的中早熟长茄优良品种。果实长棒型，果长30～35厘米，横径5～6厘米，单果重250～300克。果色黑亮，肉质细嫩，籽少，风味佳。果实耐老、耐贮运。每667米^{2}产4 000千克以上。植株直立，生长势强，连续结果性好，单株结果数多。适宜在东北、西北及华北地区露地和保护地栽培。北京地区春露地栽培，2月上中旬播种，4月底至5月初定植。株、行距40～50厘米×66厘米，每667米^{2}栽苗2 000～2 500株。

(12) 苏崎茄2 江苏省农业科学院蔬菜研究所选育的早中熟茄子一代杂种。该品种株型直立，生长势强，果实长棒形，果长30厘米左右，果径4厘米左右，单果重约150克。果皮紫黑色，光泽强，皮薄籽少。果肉蛋青色，肉质柔嫩，略甜，商品性好。适于保护地和露地栽培，每667米^{2}产量可达5 000千克以上。

(13) 黑秀茄2 江苏省农业科学院蔬菜研究所选育的茄子杂交一代组合，属保护地专用品种。株高85厘米，株型半直立。早熟，首花节位10节；果实黑紫色，长条形，果皮光泽强，着色均匀，一致性好，单果重140克，商品性好；低温坐果能力强，弱光下着色好，商品果率高，适于日光温室（大棚）越冬或春提早栽培。

(14) 湘早茄2　湖南省农业科学院蔬菜研究所培育的早熟一代杂交茄子。该品种株高63厘米，茎紫黑色；果实卵圆形，紫黑色，有光泽，长15厘米，粗6厘米，单果重约150克。果肉绿白色，品质中等。早熟，耐寒、耐湿性强，不耐高温干旱，抗病性中等，每667米^{2}产2 000～2 500千克。果肉绿白色，品质中等。适合于喜吃卵圆茄的地区作露地或大棚、温室等保护地早熟栽培。

(15) 蓉杂茄1号茄子　四川省成都市第一农业科学研究所选配的一代杂种，1998年通过四川省农作物品种审定委员会审定。株型直立；株高80厘米左右，开展度80厘米×80厘米，生长势强。茎深紫色，叶长卵圆形，叶柄及茎秆上有稀刺，叶脉紫色。门茄着生在第十节左右。果实长棒形，长约30厘米，果皮深紫色，有光泽。单果重270克左右。果肉质地细嫩，商品性好。耐寒，抗病。早熟种，从定植至始收需45天左右。每667米^{2}产3 500千克。适宜长江流域地区露地种植。长江流域春季栽培，10月中旬至11月上旬冷床播种育苗，翌年3月下旬至4月上旬采用大苗定植。每667米^{2}栽苗2 500～3 000株。采收期及时追肥，每株采收6个鲜果后，及时摘除顶芽。

(16) 吉茄2号茄子　吉林省蔬菜花卉研究所从长茄1号自然变异株中经系统选育而育成的新品种，1996年通过吉林省农作物品种审定委员会审定。植株长势强，株高100厘米左右，开展度75厘米×80厘米。叶片绿色带紫晕。门茄着生在第七至第八节上。果实细长棒形，果尖略带鹰嘴形，果长30～35厘米，横径4.5～5厘米。单果重120克。果皮黑紫色，有光泽。果肉细嫩，品质好。抗黄萎病，较抗褐纹病。早熟种，从定植至始收需35～38天。每667米^{2}产3 000～3 400千克。适宜露地及地膜、小拱棚覆盖栽培。适宜于吉林省各地种植。长春地区春季露地栽培，2月下旬或3月中旬温床育苗，4月中旬分苗1次，5月下旬晚霜过后定植露地。采用垄栽，垄距60厘米，株距40厘米。及时中耕、整枝、打底叶。注意防治病虫害。

（17）齐东紫茄　山东邹平县中早熟农家品种。耐寒性好、株型紧凑、抗病性强、连续坐果力强、商品性状好。华北地区早春提早或地膜覆盖栽培茄子的优良品种。齐东紫茄耐寒性较强，改用地沟或小拱棚栽培可提前15天上市，并能有效利用早春发芽期延长的特点，增加产量，避免后期雨季高温影响产量和品质。2月上旬，在保温性能较好的温室内或温床、阳畦里育苗。4月25日左右，苗高15～20厘米，5片叶左右开始定植。

门茄开花期正值气温不适之际，应注意保花保果。门茄瞪眼期之前，果实生长量比较小，仍然是营养生长和生殖生长的过渡时期，应采取中耕蹲苗措施，适当控制因营养生长过旺造成的疯秧。门茄瞪眼期结束蹲苗，及时追肥浇水。茄子的门茄下部叶腋间容易萌发出侧枝，生产中一般只留一个长势旺盛的侧枝，其余侧枝全部摘除。在茄子生长中后期，门茄以下的老叶全部打掉，以减少养分消耗，保证通风。

（18）紫光大圆茄　该品种产量高，保护地（大棚、日光温室）每667米^{2}产1.5万千克，露地1万千克。果实个头大，正圆形，平均单果重1千克，整体果实为正圆形。果实表皮紫黑，无绿斑，果肉绿白色，脆甜，果肉抗氧化能力强，极抗褐变。日光温室中进行栽培时，要根据密度进行调整，密度大的可以单枝培养，密度小的可以多枝培养。露地越夏栽培时，当每株平均结果达5个以上时，要进行平茬再生，并留单株培养，须加强管理。

（19）郑州早紫茄　郑州市郊区地方品种，早熟，熟性与新乡糙青茄相仿，是郑州市郊区紫圆茄主栽品种，每年春夏季上市，畅销东北、华北等地区。株高65～75厘米，开展度60～70厘米。茎秆紫色，叶绿色，叶脉紫色，主茎第六至七叶开始着生第一果。果实圆形或椭圆形，果皮深紫色，光亮，单果重 350～450 克，最大单果重可达 1 000 克，果肉白色，肉质细密，品质较佳。丰产，抗病性较强，一般每 667 米^2 产 5 000 千克。适合保护地早熟栽培，也可作春露地地膜覆盖早熟栽培。中原地区采用日光温室或阳畦育苗时，日光温室栽培于 11 月初播种，2 月上中旬定植；大棚栽培于 12 月上中旬播种，3 月中下旬定植；春露地地膜覆盖栽培于 1 月上旬播种，4 月中旬定植。定植株距 40 厘米，行距 50 厘米。该品种早熟高产，定植前要重施底肥，每 667 米^2 施优质农家肥 5 000 千克，磷酸二铵 15 千克，硫酸钾 25 千克。结果期要大量追肥浇水，每 5～7 天浇一次水，保持土壤湿润，隔一水追施复合肥一次，每次每 667 米^2 用量 15 千克。采用双干整枝法。方法是在对茄形成后，剪去 2 个向外的侧枝，形成 2 个向上的双干，以后每分一次杈，都打掉向外的侧枝，只留双干向上生长。为防止落花落果，保护地栽培要用 20～30 毫克/升的 2,4－D 蘸花或防落素液蘸花。蘸花时应选晴暖天气进行。

（20）丰宝紫红茄　广东省农业科学院蔬菜研究所新育成的品种。株型较紧凑，生长势旺。果实长棒形，长 29 厘米，横径 5.5 厘米。单果重 250 克。果圆筒形，头尾均匀，硬实，果形直，果皮深紫红色，有光泽，果肉白色、致密。适应性强。耐病性好。中熟种。每 667 米^2 产 4 500 千克。适宜露地种植。该品种适宜全国各地种植。广州地区春季栽培，10 月下旬至 11 月播种，苗龄 50～60 天；秋季栽培，6～7 月播种，苗龄 25～30 天。定植前施足基肥，每 667 米^2 施优质土杂肥 1 000 千克以上。坐果前，少施氮肥；坐果后，重施追肥，结合培土在株间每 667 米^2 追施复合肥 50 千克、尿素 50 千克或沤熟的花生饼肥，磷肥和钾肥 50 千克。一般 5～7 天追肥一次，或每采收一次果追肥一次，每次每 667 米^2 追施复合肥 50 千克。进入盛果期应保持土壤湿润。切忌忽干忽湿。

（21）紫罐茄　熟性中早，株高 85～90 厘米左右，叶脉紫色，叶片绿色。果紫红色，果形大而有光泽，果顶平圆，皮软，果肉白色细嫩。品质好，单果平均重量 700 克，每 667 米^2 产 8 000千克。采收时间长，春秋两季均可栽培。露地、保护地均可栽培，每 667 米^2 用种量 40 克，行、株距 85 厘米×50 厘米，每 667 米^2 栽苗 1 500～2 300 株，定植前施足底肥。果盛期加强肥水管理。严防红蜘蛛及其他病虫害。

（22）快圆茄　天津市西郊区的地方品种。株高 60～70 厘米，开展度 70 厘米。茎秆紫色，叶长卵形、绿色，叶缘波状，叶柄及叶脉浅蓝色。第一果着生于主茎 6 叶节上方。果实近圆形，纵径 10 厘米，横径 12 厘米，外皮紫红色，有光泽。肉质紧实，单果重 500 克左右。早熟，定植至始收约 45 天，果实生长快，前期产量高，耐寒性强，抗病虫能力较强。每 667 米^2 产 2 000千克。适于天津及华北部分地区种植。天津地区于 1 月上旬播种育苗，4 月中下旬定植，行距 50 厘米，株距 40 厘米，6 月上中旬始收，7 月底拉秧。

（23）紫长茄 3 号　中早熟品种，株高 100 厘米左右，开展度 80 厘米左右，果实长筒形，果长 28～32 厘米，直径 3.8～4.0 厘米。深紫色，光泽强，皮薄籽少。每 667 米^2 产量约5 000千克。

（24）西安紫圆茄　适应性广，抗逆性强，品质优良，增产潜力大的中晚熟品种。播前将种子进行温汤浸种并催芽。阳畦育苗。4 月上中旬，将处理好的种子掺上细土，多次撒播于阳畦内，播后盖 2～2.5 厘米厚的细土，随即盖薄膜。4 月下旬即可揭膜、炼苗。小麦收后及时耕耙，按 80 厘米行距南北向开沟，沟深 20 厘米、宽 30 厘米。每 667 米^2 施厩肥 5 000 千克，三元复合肥 50 千克，将肥料顺沟施入，然后用耘锄深耘沟底心土，使之与肥料掺匀，最后搂平沟底。定植前 1 天，要给苗床浇足水，以利起苗。定植时先在沟内灌水，趁水未渗下时将苗子放入沟内，待水渗下后将沟两旁的土覆平。3～5天后，全畦灌水1次。门茄“瞪眼”时，及时进行施肥浇水。门茄坐果前，要控制浇水。门茄坐果前后，保留二杈状分枝，将门茄下的其余腋芽全部抹去，门茄以上的侧枝任其生长。施肥培土前，可把靠近地面的老叶摘去。随着果实的采收，将植株下部的老叶、黄叶、病叶及时摘除。

(25) 黑快茄　长茄，黑紫色，色泽光亮，早熟，茄粗4.5～6厘米左右，茄长25～35厘米左右，单果重200克左右，品质细嫩，不易老化，商品性状好。抗病性强，坐果率高，保护地整枝生产单株可以连续结35个以上商品果，果形不变，产量每667米^{2}4 000千克左右，最高产量达12 000千克，果肉紧实，抗压力强，适于长途贩运。是冬季、春季大棚以及夏秋露地高产栽培的最好品种之一。间距不少于8厘米×8厘米营养钵育苗，垄作，双干整枝，纤维绳吊架栽培，行、株距60厘米×35厘米，用赤霉素（920）+2,4-D的混合激素蘸花，施大量高效腐熟有机肥及复合肥作底肥，多次追肥，及时灌水，及时整枝打杈，及时打掉老化叶片，适时采摘。

(26) 黑又亮　辽宁省农业科学院园艺研究所繁育的紫长茄优良品种。中熟，从播种至始收120天左右。果实商品性好。果皮黑紫色，有光泽，品质好，耐老化。抗病高产，较抗黄萎病和绵疫病，一般每667米^{2}产5 000千克左右。株高115厘米，开展度90厘米，长果形，果长40厘米，果粗6厘米。适于春、秋露地及保护地栽培，该品种尤其适合喜食紫长茄地区种植。要求选择保水、保肥、排水良好的土壤栽培。

(27) 京茄15号　北京市农林科学院蔬菜研究中心育成。为最新育成的具有早熟、丰产、抗病等优良性状的长茄一代杂交种。植株生长势强，叶色紫绿，单株结果数多。果实长棒形、果长30～40厘米、果实横茎4～6厘米、单果重250克左右，每667米^{2}产3 500千克以上。果皮紫黑色、有光泽，果肉浅绿白色，肉质细嫩、品质佳，商品性极好。该品种抗病性强，适应性广，适宜保护地及露地早熟栽培，可在我国南北方种植。大棚栽培，北京地区12月底至翌年1月初播种，3月中下旬定植。行、株距60厘米×45厘米，每667米^{2}栽2 500株左右。春露地栽培，1月下旬播种，4月底定植。

(28) 超极限　新一代长茄品种。果实长圆柱形，色泽紫黑，长可达40厘米以上，直径4～5厘米。口感好，货架期长，早熟性好，着果力强，膨果迅速，对高温和高湿有极强的忍耐能力，是露地早熟及保护地反季节栽培的最佳品种。

(29) 黑旋风紫长茄　最新育成的极早熟一代杂交种，高秧长茄型，耐寒抗病性强，适合大棚、拱棚、地膜等保护地及露地等多种形式栽培，果长30～35厘米，长棒形，黑紫色，有光泽，直而粗，皮薄籽少，果肉细嫩，前期和后期产量都很高，极抗黄萎病、褐纹病等病害，是目前国内众多品种中极具市场潜力的优良茄品种。

(30) 罗兰紫茄　山西省种子总公司最新育成。中晚熟长茄一代杂种，株高78厘米，开展度73厘米，现蕾节位11～12节，果皮紫红色，肉质致密，红嫩，果实棍棒形，果长22厘米，果径8厘米，平均单果重430克，平均每667米^{2}产量2 300～2 500千克，适于春露地栽培。

21. 优良的绿茄品种有哪些?

目前生产上常用的绿茄品种有：辽茄2号、新乡糙青茄、真绿茄、辽茄5号、沈茄2号、绿罐、绿抗茄、群兴绿茄、农城绿茄1号、西安绿茄、绿茄2号、东亚绿茄、绿茄霸、绿萃1号、国力绿长茄、绿健TM早茄、绿茄1号、绿茄3号、绿茄4号、绿油茄、绿宝石、豫茄1号、周茄2号、青秀茄子等。

(1) 沈茄2号　沈阳市农业科学院1983年用S12为母本，

S06 为父本配制的杂交种，1996 年 12 月经辽宁省农作物品种审定委员会审定。植株生长势强，株高 65 厘米，开展度 50 厘米，茎秆粗壮、绿色，第九片叶着生第一朵花，花瓣紫色。果实椭圆形，果皮油绿色，果肉白色，适口性好，商品性状好，单果重 200 克左右。较抗黄萎病。生育期 115 天，属早熟品种。一般每 667 米^2 产 3 500 千克左右。适宜喜食绿茄地区进行栽培。选择土壤肥沃、排灌方便地块栽培。增施有机肥料，每 667 米^2 施农家肥 3 000～5 000 千克，第一次采收后进行一次追肥。苗龄：露地栽培 80 天左右，保护地栽培 90 天左右。注意轮作，选择 3 年以上没有种植茄科蔬菜的地块，也可嫁接栽培。保护地早春低温季节栽培，花期进行激素处理，防止落花落果。

（2）绿罐茄　极早熟绿茄杂交品种，适合保护地栽培。极早熟，前期产量高，植株在第七片真叶着生门茄，生育期 45 天。果实为高桩长卵圆形，单果重可达 1 000 克以上，果色浓绿。保护地栽培效益高。植株长势健壮，坐果量大，采收期长。一般每 667 米^2 产 5 000 千克以上。播种前做好种子和苗床消毒，和野生品种嫁接，可有效防止黄萎病等土传病害，提高产量和品质，定植密度每 667 米^{2}3 500～4 000 穴，双干整枝。门茄坐果后浇第二水。中后期加强水肥管理。

（3）绿抗茄　西安市蔬菜研究所选配的一代杂种。植株生长势强。门茄着生在第九节上。果实卵圆形，长 25 厘米，直径 15 厘米。单果重 1 000 克以上。果皮嫩绿色，商品性好。较抗黄萎病、褐纹病和病毒病。低温下生长速度快，也耐高温。耐运输。早熟种，生育期 55 天。适宜保护地及露地栽培。播种前做好种子和苗床消毒，55℃温汤浸种或 10％高锰酸钾处理 10～15 分钟后，用清水冲洗，再放在 15～30℃下变温催芽。在催芽过程中，每天用清水淘洗 1～2 次，并注意湿度不能过大；苗床培养土事先用福尔马林处理，使用前充分晾晒，并均匀掺入适量百菌清粉剂。每 667 米^2 栽苗 3 500～4 000 株，双干整枝。门茄坐稳后浇第二次水。前期控制水肥管理，防止徒长，后期加强肥水管理。注意防治病虫害。该品种适合于陕西、河南、江苏、安徽、湖北、辽宁等省栽培。

（4）群兴绿茄　早熟品种，株高约60～70厘米，6～8叶结第一果，果卵圆形，单果重300～600克，浅绿色，肉质疏松，品质上乘。每667米^{2}产3 500～5 000千克。适于日光温室越冬、春露地及春覆盖栽培，施足底肥，结果期应加强水肥管理，结果期为防病要喷施叶面肥。适时采收，以提高品质、增加产量。要及时摘除病、老叶，以利通风透光。

（5）农城绿茄1号　西北农林科技大学选育的早熟杂交绿茄品种，比西安绿茄早收3～5天。长势中等，株高80～90厘米，株幅70厘米。耐冷，对黄萎病抗性较差，但优于西安绿茄。茎叶均为绿色，叶片较小，叶缘上翘。果实椭圆形，质地及性状与西安绿茄基本相同，果肉白色，单果重180～230克，前期发苗快，开花坐果早，果实发育快，中后期每隔1～2节坐1个果，坐果力强，采果数多。早熟性及丰产性极为突出。平均每667米^{2}产5 000～5 800千克。

（6）西安绿茄　西安地方品种。植株生长势较强，门茄着生在7～8节上方。果实卵圆形，果皮油绿色，光泽好，在温室内栽培着色好。果皮较厚，果肉色白，较紧密，耐运输。单果重300～400克，丰产性较好。抗病性一般，较耐低温，是中早熟品种。我国北方保护地绿茄栽培区栽培较多。

（7）绿茄2号　极早熟，第七片真叶着生门茄；果实长卵圆形，个大而皮色油绿，质地细嫩，一般果重400克左右，最大1 000克，商品性佳；叶色深绿，长势强有力，不早衰，每667米^{2}产量5 000～6 000千克。本品种适宜保护地早熟栽培，每667米^{2}栽植3 000株左右；管理上一促到底，不能缺肥水。

（8）东亚绿茄　辽宁东亚农业发展有限公司培育。该品种中熟，生育期110～120天。株型紧凑，茎叶绿色，叶片肥大。茎粗约1.8厘米，主茎第七至八节着生第一朵花。果实长椭圆形，横径约12厘米，纵径约14～15厘米，单果重300～500克。商品成熟时果皮呈油绿色，有光泽，果肉白、细嫩。长势强，喜肥水，较抗黄萎病、绵疫病。适于温室、大、中、小棚及露地栽培。每667米^{2}产量可达5 000千克以上。

(9) 绿茄霸　大连广大种子有限公司为大棚早熟栽培特别选育的品种。长茄，棒状，绿色光亮，品质好，抗病能力强。耐低温。节间短，结果集中，连续结果能力强。茄长20厘米左右，粗6～8厘米，平均单果重240克左右，平均每667米^{2}产5 000千克左右，最高产量可达12 000千克。是冬春季生产抢早上市的最好品种之一。间距不小于8厘米×8厘米营养钵育苗，垄作，双干整枝，纤维绳吊架栽培，行、株距60厘米×35厘米。宜施用大量高效腐熟高质量的有机肥作底肥，多追肥。及时灌水，花瓣展平后，用激素蘸花，及时整枝打杈，及时打掉老化叶片，适时采摘。重病地块采用"T型一茄子砧木"嫁接，精细各项田间管理。

(10) 绿萃1号　西安市灞桥种苗有限公司培育的杂交一代早熟品种。7～8节着生门茄，株高约70～75厘米，开展度65厘米，果实椭圆形，鲜绿色，有明亮光泽，肉质细嫩，风味佳，单果重400克左右，最大果1 000克左右，每667米^{2}定植2 000～2 200株，产量达7 000～10 000千克。较抗黄萎病、枯萎病，耐绵疫病，适合早春塑料大棚、日光温室和春露地栽培。土温稳定在12℃时定植，苗龄100天左右（70%显蕾），老化苗促发后再定植，双干整枝，早春低温，采用激素加速克灵蘸花，及时整枝防落花落果、灰霉病。嫁接、倒茬、高垄栽培、小水灌溉均可防黄萎病。

(11) 国力绿长茄　西安市灞桥种苗有限公司培育。生长健壮，植株紧凑，叶、茎、果均为绿色，果粗5～6厘米，长22厘米左右。果肉白色，皮光又亮，每667米^{2}产4 000～6 000千克，增产潜力大，品质上乘，保护地、露地、南北方均可种植。育苗时床水浇足，苗子基本出齐，立即揭内膜通风，撒干土排湿防猝倒，做到上干下湿。棚内温度过低，白天加温比晚上好，土温稳定在12℃时定植，苗龄100天左右（70%现蕾），老花苗促发后再定植。每667米^{2}植2 500～4 000株。

(12) 绿健TM早茄（一代交配） 沈阳嘉禾种子有限公司园艺研究所利用海南绿茄与国外E03绿长茄杂交选育出的优良新品种。植株生长健壮，株高80～85厘米，开张度55～60厘米，7片叶开始坐第一果，果实卵圆形，果皮油绿色，光泽度强，果肉纯白色，含水量低，肉质松软适中，品质佳，耐老化，每株可采收5～7个果。是目前露地、保护地早熟高效栽培的理想品种。抗病强、品质优、产量高。早熟性好，同期播种比西安绿茄早上市8～10天。平均单果重400～500克，最大可达1 000克以上。且果实膨大快，从开花到采收，春茄子30天，夏秋茄子20～25天即可收获。抗病性强，抗黄萎病、病毒病、绵疫病、褐纹病。产量高，一般每667米^{2}产5 000千克。商品性好，果形整齐，皮色光亮、耐老化，品质极佳。选择保水、保肥、排水良好的土壤种植，施足基肥，每667米^{2}施充分腐熟农家肥8 000千克，复合肥（N、P、K各占15%）25～30千克，每667米^{2}掩施饼肥15～20千克，采用垄作或高畦栽培，每667米^{2}定植2 800～3 000株，每667米^{2}用种量25～30克。中后期加强肥水管理，实行轮作或重茬地采取人工嫁接，可有效防止黄萎病等土传病害发生，以提高产量和品质。

(13) 绿茄1号 中早熟品种，从播种到始收110天左右；果实长椭圆形，果皮油绿，有光泽，单果均重300～350克，每667米^{2}产5 000千克；抗黄萎病和绵疫病，适宜春秋露地栽培和大棚栽培。

(14) 绿茄3号 早熟，第八至九真叶着生门茄；对黄萎、病毒、绵疫和褐纹病抗性强；果实长卵圆形，质地细嫩，耐贮运；果皮油绿光亮，一般果重 400 克左右，最大可达1 200克。长势强，不易早衰。每 667 米^2 产量 5 000～6 000 千克。适宜病害较重地区保护地及露地栽培。每 667 米^2 植 3 000 株左右。坐果前适当控制浇水以提高地温。

（15）绿茄 4 号　本品种抗病性强，耐热性好，耐涝，商品性佳，果实采收期长，适应性广。株高 80～90 厘米，果皮油绿色，有光泽，果肉嫩白色，皮薄，籽少，肉质松软，口感极好，一般单果重 200～250 克。本品种适宜春提早及夏露地栽培，每 667 米^2 栽 2 500 株左右。

（16）西安绿油茄　早熟品种，株高 60～70 厘米，一般 6～7 叶着生第一果，果实卵圆形，油绿色，有光泽，肉质松软适中，品质上等，单果重 300～400 克，丰产性好，抗病耐寒，适应性强。每 667 米^2 产 4 000～6 000 千克。

既适合露地种植，也适合日光温室及塑料大棚栽培，是目前北方保护地早熟高效栽培的首选品种。每 667 米^2 保苗 3 000 株。及时整枝打杈，防治茶黄螨、红蜘蛛等病虫害。避免连作。每 667 米^2 用种子 100 克。

（17）豫茄 2 号　河南省漯河市农业科学研究所园艺研究中心培育的一个茄子杂交新品种，1997 年通过河南省农作物品种审定委员会审定。具有早熟、高产、抗病、优质、生长势强等特点，一般单产每 667 米^{2}4 000～5 100 千克，平均单果重 415 克，果皮青色，果实卵圆形，果面光滑，叶片宽大，抗逆性强。肉质细腻，软硬适中，味甘，适口性好。抗黄萎病、猝倒病和绵疫病。豫茄 2 号适合保护地及露地栽培，春栽、秋栽均可，每 667 米^2 密度 1 800～2 500 株。

（18）绿宝石　早熟品种，高抗枯萎病。较耐低温，生长势强健，株高 55 厘米以上，茎叶均为绿色，叶椭圆形，7～8 节开始结果，果实大灯泡形，皮鲜绿有光泽，肉白色细嫩，单果重 500～800 克，最大可达 1 500 克，商品性好，每 667 米^2 产量最高可达 8 000 千克以上，用其作接穗，秋冬日光温室产量可达 15 000千克。适宜露地早熟栽培，亦可在保护地栽培。每 667 米^2 保苗 2 500 株左右，保护地 1 800 株左右。采收时期，及时追肥灌水。

(19) 豫茄 1 号茄子　河南省沈丘县种子公司从地方品种长青茄中经过系统选育而成的新品种，1997 年通过河南省农作物品种审定委员会审定。株高 90 厘米，开展度 80 厘米×80 厘米，长势强。门茄着生在第六至第七节上。花乳白色，多数单生，少量簇生。果实长圆形，果长 17～20 厘米，横径 13～15 厘米。单果重 400～500 克。果皮青绿色，果面光滑有光泽。果肉浅白色，质地柔嫩，粗纤维少，果皮薄，商品性好。抗逆性强，适应性广。宜春、秋两季栽培。早熟种。每 667 米^2 产 5 000 千克。适宜露地栽培。河南省各地均可栽种。大棚种植于 12 月中、下旬播种，苗龄 90 天，定植期在第二年 3 月份的中、下旬。定植前 1 周进行幼苗锻炼，定植地块每 667 米^2 施农家肥 5 000～7 500 千克，磷、钾肥 15 千克。每 667 米^2 栽苗 2 900～3 400 株。定植缓苗后各浇一水，然后中耕。门茄长到 2～3 厘米时浇水，以利果实的膨大，门茄、对茄收获前各追一次肥，每 667 米^2 施 15 千克复合肥或 25 千克碳酸氢铵。开花时用生长素蘸花，以促果实膨大。

(20) 周茄 2 号茄子　河南省周口市农业科学研究所选育的新品种。植株高 70 厘米，株幅 65 厘米，长势强。叶片宽大肥厚。门茄着生在第七至第八叶节上。果实长卵圆形，果皮青绿色。单果重 500～600 克。果肉细嫩，籽少耐老。较抗黄萎病、绵疫病。早熟种，从定植至始收 25 天。适宜露地和保护地种植。适宜黄淮流域喜食青茄的地区种植。周口地区早春保护地栽培，于 11 月上旬至 12 月上旬播种育苗，40 天苗龄时分苗一次；早春露地栽培，于 12 月下旬播种育苗，30 天苗龄时分苗一次。采用小高垄栽培，垄高 10～15 厘米，保护地栽培时行距 50 厘米，株距 40 厘米；露地栽培时行距 60 厘米，株距 40 厘米。开花后至结果采收期要勤浇水、追肥，及时采收。

(21) 青秀茄子　广东省农业科学院蔬菜研究所选育的新品种。果实呈棒状，果长 30 厘米，横径 4 厘米。单果重 150～250 克。果皮青绿色，品质好。早熟种，定植至初收约 45 天。单株结果多。每 667 米^2 产 2 000 千克。适宜露地栽培。广州市春种，10～11 月播种；秋种，5～6 月播种。适宜于华南地区种植。广州地区春季栽培，10 月下旬至 11 月播种，苗龄 50～60 天；秋季栽培，6～7 月播种，苗龄 25～30 天。定植前施足基肥，每 667 米^2 施优质土杂肥 1 000 千克以上。坐果前，少施氮肥；坐果后，重施追肥，结合培土在株间每 667 米^2 追施复合肥 50 千克、尿素 50 千克或沤熟的花生饼 25 千克，磷肥和钾肥 50 千克。一般 5～7 天追肥一次，或每采收一次果追肥一次，每次每 667 米^2 追施复合肥 50 千克。进入盛果期应保持土壤湿润。切忌忽干忽湿。

22. 优良的白茄品种有哪些？

目前生产上常用的白茄品种有：白玉、白茄 1 号、白蛋茄、东光白茄、邯郸大白茄、浙茄 86、浙茄 88、袖珍白茄等。

(1) 白玉　高约 95 厘米，主茎青色，开白花。果实长棍棒状，果长约 24 厘米，横径 5.5 厘米，单果重约 250 克，果皮白色，肉质嫩滑，清甜可口，品质优。每 667 米^2 产约 4 000 千克。

(2) 白茄 1 号　茄子品种中的极品。商品性极佳，果实长椭圆形，单果重 200～250 克；果皮洁白，果萼绿色，干净漂亮，不易老化；果肉白色，极细腻，均匀一致，干物质含量高，风味品质好；中早熟，从播种到果实始收 110 天左右，产量高，每 667 米^2 产量可达 5 000 千克以上；较耐黄萎病，适宜露地栽培。

(3) 白蛋茄　白色浆果，鸡蛋形，果径3.5～7厘米，高30厘米，播种到开花结果85天。春播为主，可全年播种，5～8天发芽，盆栽观果，新型切花，果实入药。是极好的观果新品种。

(4) 东光白茄　河北省农林科学院蔬菜研究所培育。1月份阳畦或日光温室育苗，3月分苗，4月下旬或5月初定植（也可晚播育苗作麦茬栽培）。行距80厘米，株距50厘米。封垄前要培土，防涝，防倒伏。基肥要施足，结果后期要注意水肥管理，每采收一次应浇水一次，并进行追肥。每667米^{2}产量4 000千克以上。

(5) 邯郸大白茄　河北省农林科学院蔬菜研究所培育。以春播栽培为主，1月上中旬阳畦或温室育苗，3月上中旬分苗，4月下旬定植。行距80厘米，株距45～55厘米。6月底开始收获，每667米^{2}产量4 700千克左右，高产者达7 500千克。

(6) 浙茄86　中熟品种，株高75厘米，开展度40厘米×35厘米，果实白色，卵形，单果重150克，较抗绵疫病。

(7) 浙茄88　早熟、耐弱光，果实乳白色，光泽好，果长20～25厘米，果粗3.0～4.0厘米，品质佳，单果重150克，每667米^{2}产4 000千克。

(8) 袖珍白茄　近年引进的观赏茄新品种。其株型紧凑，茎枝浓绿，叶片浅绿色，果实长椭圆形，形状、大小与鸡蛋相仿，乳白色，成熟后逐渐变黄，果皮光滑细腻，颇耐观赏，观果期长达2～3个月，是窗前、阳台的盆栽佳品。袖珍白茄原产亚洲，为茄科一年生草本植物。全生育期200天左右。生长适温15～30℃，如温度适宜，一年四季均可种植。北京朝来农艺园引种后，表现良好。其盆栽方法如下：播种育苗，播种前用30℃左右温水浸种24小时，控干水分备用。然后将盛有基质的花盆浇足水，播入种子，点播、撒播均可，播后覆土1厘米。如盆栽量大，也可用播种盘育苗。此后保持盆土湿润。温度白天保持在

25～30℃，夜间不低于15℃。约40天左右，当幼苗长到3～4片叶时，即可定植在花盆内。上盆定植，袖珍白茄根系发达，应选用直径20厘米以上的花盆，以保证充足的营养面积。盆土最好选用菜田土，将其与有机肥按8∶2的比例掺匀装盆。也可用草炭土和蛭石（2∶1）混合作盆栽基质，每盆加5～10克氮、磷、钾复合肥。上盆后浇一次水，以湿透盆土为宜，有利于缓苗。定植后管理，幼苗成活后至开花坐果前，气温白天应保持在20～25℃，夜间应在15～17℃。定植后约50天左右开花坐果。进入开花坐果期，白天温度应保持在25～30℃，夜间不低于15℃，并间隔半月左右，结合浇水，每盆施入氮、磷、钾复合肥5克。浇水因季节而变化，一般春季3～5天一次，夏季1～2天一次。另外，要特别强调的是，袖珍白茄喜光，整个生育期均要保证良好的光照条件。不过盛夏高温期应适当遮荫。

23. 优良的彩色茄品种有哪些？

目前，在国内主要栽培的彩色茄品种有：金银茄、东方白果、美洲红茄、橘红1号、乳茄、艳茄、彩茄1号、袖珍白茄等品种。

（1）金银茄　金银茄是食用茄的变异，属茄科茄属类多年生灌木状草本植物，可盆栽也可地栽，果实可食，颜色由于坐果和成熟时间不同，有的洁白如银、有的金光灿灿，所以命名金银茄，亦称彩色迷你茄、金银果、变色茄、彩色茄、弹丸茄、樱桃茄、袖珍茄、迷你型小茄子等，是集多方面的现代科学技术培育而成。金银茄叶互生，椭圆形，花五瓣，紫色黄心似五角星。初夏开花陆续坐果，果呈长椭圆形，黄白相间，如金似银，被人们视为吉祥发财的好兆。幼果洁白如银、表面光滑，形同雀蛋，玲珑可爱。当果实接近成熟之际，皮层似有天然蜡色，果面金光灿烂。因其坐果和成熟的时间不同，明显地呈现出叶的浓绿、花的艳紫、幼果的洁白、成熟果子的金黄、茎秆的翠绿，整个生长期间集绿、紫、白、黄、青五彩缤纷的景观。实属一种观赏佳品和珍肴。

（2）东方白果（观赏茄） 植株矮小，生长势强，株高40～50 厘米，植株绿色，早熟性好，较抗病。开花早，坐果率高，每个花序可结 2～4 个果。果实白色，老熟时转成金黄色，观赏性强。

（3）美洲红茄 原产南美巴西、秘鲁等地，是茄科的一个野生变种，但并非蔬菜用的茄子，无食用价值。茄果个小、圆球形、火红色，果面光滑明亮、色泽艳丽，结果量多，繁果累累悬挂一树，玲珑可爱，阳光下闪耀夺目，颇有观赏价值。种植简便，很快流传到各地。

（4）橘红 1 号 山东省济宁农业学校经过多年培育成功的一种可美化居室环境、集观赏和食用于一体的茄子新品种。植株为无限生长型，分枝力强，枝叶浓绿。通过修剪，一次栽培可多年观赏食用。花为淡紫色，雄蕊黄色，总状花序，每花序着生 5～10 朵小花，果实椭圆形，直径 3～4 厘米，长 6～10 厘米，绿色，约 2 个月左右转为橘红色，红果挂果期可长达 3 个月以上，一年四季可连续结果，根据不同栽培时间及不同栽培方法，单株结果在 40～100 个以上。育苗苗龄一般 2 个月，无霜地区或保护地可全年栽培。食用只能是未转色前的嫩果。

（5）乳茄 乳茄，别名多头茄、五指茄、乳香茄，俗称“黄金果”、“五代同堂”，为茄科茄属的一年或多年生小灌木，株高 1 米～1.5 米，自然分枝少，叶互生，阔卵形，茎叶均被绒毛，花青紫色，花期 6～12 月陆续开放，果实随成熟期由绿色转为光亮的金黄色，圆锥形，基部有 3～5 个乳头状的突起，种子褐色，呈扁平状。观果期由 7 月至次年 2 月，挂果期长，是冬春季，特别是春节期间的观果佳品。

（6）艳茄 艳茄也称艳果、瓜茄、香艳梨，是近几年新引进我国的蔬菜，茄科茄属多年生草本植物。学名 *Solanummuricatum* L.，艳茄根系发达，株高 1 米左右，分枝性特强。单叶全缘或小裂生和裂刻。聚散花序，花冠紫色。浆果，椭圆形、卵圆形或长卵圆形，也有长桃形者。单果重 200～500 克。嫩果绿色或黄绿色，间有紫色条纹，成熟时黄白、乳白色，有深紫色条纹。大型果中心部有空洞。果实品质较好。成熟果实清香、甜美，有厚皮甜瓜（如哈密瓜）和洋梨的混合香味，可做水果生食，还可以做蔬菜凉拌、做汤、与肉、蛋一起炒食，也能加工成果酱、果汁、罐头等。艳茄能生长多年，结果期长，适宜居室阳台盆栽或庭院种植。果实色彩艳丽，除食用外还可供观赏。将成熟的果实垂吊于花盆边缘，散发出阵阵清香，令人心旷神怡。艳茄也可以作为饲料。艳茄茎叶中含粗蛋白 21.88%，是禽畜的优质饲料。每 667 米^2 艳茄夏秋季每天修剪的嫩茎叶可供 8～10 头成龄猪食用。

（7）彩茄 1 号　由山东菏泽群策科技园蔬菜基地培育。既可当作美化居室环境的盆景栽培，也可作为庭院绿化遮荫的观赏茄树种植。彩茄 1 号植株，枝叶茂盛，叶色浓绿，通过修剪，可多年观赏。花瓣为淡紫色，黄色雄蕊，总状花序，每个花序着生 5～10 个小花，果实直径 3～4 厘米，长 6～10 厘米，嫩果浅绿色，约 1 个月左右转为橘红色，挂果期可长达 3 个月以上，单株结果可在 100 个以上。

24. 国外新引进的优良茄子品种有哪些？

近年来从国外也新引进很多的茄子优良品种，在中国种植也表现出了非常优良的特性。如引茄 1 号、法国长茄、法斯特快长茄、日本艳丽茄子、日本富士紫长茄、中日紫茄、郎高、长野墨玉、田中福龙、尼罗、布利塔、意大利圆黑茄、美姿长茄、紫佳人长茄、台湾红茄、马来西亚紫长茄等。

（1）法国长茄　一代杂交种。高秧长茄类型，极早熟，耐寒及抗病性较强。适合大棚、拱棚、露地早熟栽培等多种形式的栽培。果长30～35厘米，果径4厘米左右，长棒形，直而粗。果皮薄、籽少、果肉细嫩、不易老、口感好，果色呈黑紫色，着色好，有光泽，分枝多，是前期及后期产量都很高的高产品种。低温长势强，几乎没有畸形果。商品性极佳，抗病力特强，对低温多湿条件下发生的各种病害有较强的抗性。苗龄55～60天，真叶7～8叶时定植，株、行距30厘米×50厘米。因本品种为高秧长茄类型，密植会减产，在保护地栽培时应注意人工授粉和喷施2,4-D或番茄灵以防畸形果。由于本品种前期及后期产量都很高，因此，在采收的同时应分批进行追肥。

（2）法斯特快长茄　最新育成的一代杂交种。极早熟，4～5片叶可见第一花。果实膨大迅速，比通常茄子快7～10天。果实长棒形，长30～40厘米，横径4～5厘米，黑紫色，果面光滑、亮泽、美丽。植株生长强壮，易坐果，抗病。是目前早占市场、早获利的首选品种。该品种是个生长奇快的稀有品种。在整个生长过程要注意肥水管理，满足其对养分的要求，施足底肥壮苗。每667米^{2}栽3 000株。每667米^{2}产量5 000～6 000千克。适合于保护地、露地早熟栽培。施足底肥，株、行距50厘米×66厘米。高产品种，每次采收后注意追肥，保证植株营养需求。

（3）日本艳丽茄子　紫黑色的长茄，果长约40厘米，耐热、耐湿性强。不易变曲，光泽度好，果实内种子少，品质极优。早熟，连续着果力强，产量超群。最适于露地早熟栽培，也可用于保护地早熟栽培。

（4）日本富士紫长茄　果形粗长，皮色紫红，肉白色，肉质柔嫩细软，品质超群，果长30厘米左右，抗病力强，耐寒，耐湿，抗热，对青枯病有相当抗力，单果重300克左右，每667米^{2}产量可达5 000千克以上。

(5) 长野墨玉　最新引进日本亲本材料经聚合育成的早熟一代杂种，耐低温能力强。果长 35 厘米左右，果粗 3.5 厘米左右，单果重 200 克左右，果形直，果皮紫黑色，在春季弱光下果皮着色深，光泽极强，品质优良，优质商品果率高，持续结果能力强，果实硬度好，耐贮运。明显优于目前市场上的同类进口品种。长江中下游地区一般 10 月上中旬开始播种，翌年 2 月上中旬定植于大棚并加小拱棚覆盖栽培，每 667 米^2 种植 2 000～2 200 株，3 月下旬至 4 月上旬开始采收。门茄以下的侧枝全部打掉，门茄以上保留 4 根粗壮主枝，其余侧枝坐一个果后打顶，果实采收后将该侧枝打掉。采收期间加强肥水管理，是确保高产的关键。每 667 米^2 产量可达 5 000 千克以上。

(6) 田中福龙　最新引进日本亲本材料经聚合育成的早熟一代杂种，耐低温能力强。果长 30 厘米左右，果粗 4.5 厘米左右，单果重 250 克左右，果形直，果皮紫黑色，在春季弱光下果皮着色深，光泽极强，品质优良。生长后期果形一致，优质商品果率高，持续结果能力强，果实硬度好，耐贮运。明显优于目前市场上的同类进口品种。长江中下游地区一般 10 月上中旬开始播种，翌年 2 月上中旬定植于大棚并加小拱棚覆盖栽培，每 667 米^2 种植 2 000～2 200 株，3 月下旬至 4 月上旬开始采收。整枝技术与长野墨玉相同。采收期间加强肥水管理是确保高产的关键。每 667 米^2 产量可达 5 000 千克以上。

(7) 尼罗　北方保护地专用茄子新品种。该品种植株开展大，株型直立，门茄着生节位低，一般在 8～9 节。花萼小，叶片小，无刺，无限生长型，生长势中等，坐果率极高，连续结实能力极强。早熟，丰产性好，采收期长。可适应于冬季温室和早春保护地种植。果实长形，平均果长 28～35 厘米，直径 5～7 厘米，单果重 250～300 克。果实紫黑色，在弱光条件下着色良好。质地光滑油亮，绿把，绿萼，比重大，味道鲜美。货架寿命长，商业价值高，每 667 米^2 产 16 000 千克以上。耐低温性较强，在低温多湿条件下亦生长良好，正常结果，几乎没有畸形果，商品性佳。抗病性强，对低温多湿条件下发生的多种病害有较强的抗性，适应范围广，可在适宜紫长茄生产的地区栽培，亦适合割茬换头再生栽培。

（8）布利塔（Brigitte RZ）茄子　由荷兰瑞克斯旺种苗集团公司（Rijk Zwaan Export B. V.）选育。该品种植株开展度大，花萼小，叶片中等大小，无刺，早熟，丰产性好，生长速度快，采收期长。果实长形，平均果长25～35厘米，直径6～8厘米，单果重400～450克。果实紫黑色，质地光滑油亮，绿把，绿萼，比重大，味道鲜美。货架寿命长，商业价值高。每667米^{2}产18 000千克以上。适合北方冬季温室和早春保护地种植。该品种生长速度快，喜欢肥力水平高的土壤，一般要求每667米^{2}施用沤制好的鸡粪6～8米^3，复合肥100千克，磷酸二铵20千克。开花坐果、果实膨大期要结合灌水适当追肥。栽培密度要求每平方米2.5～3株，株距45～50厘米，行距75～80厘米，每667米^{2}保苗1 500～1 800株。双干整枝，主干留果。植株生长旺盛时，侧枝上可留一个果，侧枝结果后应及时摘心。一般采用2,4-D或赤霉素点花，要求浓度冬季25～30毫克/升，夏季20～25毫克/升，浓度过高会影响果实生长。

（9）意大利圆黑茄　意大利引进优秀的中早熟圆茄新品种，耐寒，耐热，抗病，株高80～90厘米，生长势强，株型紧凑，叶片绿色，叶脉紫色，始花节位8～9节，果实圆形有光泽，果实膨大速度快，果肉淡绿，籽少，肉质细腻，味甜，品质好。

（10）美姿长茄　美国一代交配品种。中早熟，生长健壮，株高80～100厘米左右，叶深绿色，叶脉紫色，果实细长棒形，果长25～30厘米，横径4厘米左右，单果重250～300克，果面浅粉紫色，亮泽，极漂亮，果肉洁白如蟹肉，细腻，松软，口感极好，果皮厚，耐运输，抗逆性强。适合露地和保护地栽培，株、行距40厘米×60厘米，每667米^{2}栽3 000株左右，每667

米^{2}产5 000千克左右。

(11) 紫佳人长茄　美国杂交一代品种。生长势强，株高80厘米左右，易坐果。6～7片叶始花，花后30天左右，即可采收。果实细长形，单果重100～150克左右，果长25～35厘米，横径3.5～4.5厘米，果色亮紫色，有光泽，果实少籽，果肉白色，松软，细腻，口感极好，品质尚佳。该品种可做露地和保护地栽培，从播种至采收110天左右，株、行距35厘米×60厘米，每667米^{2}栽3 000株左右，每667米^{2}产3 500～4 000千克。

(12) 台湾红茄　又叫屏东长茄与长桥茄子，是从台湾高雄引进的优良茄子品种。植株生育强健。一般株高80～100厘米，株型较直立，株幅80厘米左右，着果率高。果实长条形，端直；果长24～26厘米，果径3.5～4.5厘米，单果重200～250克，皮色紫红，有光泽，皮薄、肉质柔嫩细软，品质极佳。中早熟，耐湿耐热，适应性甚强，一般每667米^{2}产4 000～5 000千克。

(13) 马来西亚紫长茄　又叫琼1号紫长茄，是海南省农业科学院瓜菜研究所从马来西亚引进的F_1代紫长茄中，经多代定向选育而成的优良茄子品种。株高100～110厘米，株幅90～100厘米，生长势强。果实粗长条形，一般果长25～30厘米，果径5～6厘米，单果重300克。果皮紫色发亮，果肉细质柔软，品质好。该品种极耐湿热，抗病性较弱，每667米^{2}产量可超过5 000千克。

(14) 美国黑金　中熟品种，植株长势旺盛，直立性好，抗黄萎病、枯萎病，耐旱，果实大灯泡形，果皮黑紫色，润泽光亮，有绿色萼片，果肉柔软、籽少，美味可口，耐贮运，果个大，单果重400～800克，每667米^{2}产4 000千克左右。适宜全国露地、保护地栽培。育苗移植，一般每667米^{2}保苗2 000株，株、行距40厘米×80厘米，施足底肥，及时打掉门茄以下的杈。加强肥水管理，嫁接栽培，产量可加倍。

25. 适合于露地栽培的品种有哪些？

茄子耐热性好，抗逆性相对强，但不耐霜冻，因此在露地栽培时应选择在无霜期内进行种植。在进行栽培时应根据栽培季节和栽培目的选择相应的品种。露地早熟栽培一般选用早熟、耐寒、抗病性强、植株不过于高大、直立性强、分枝较少的品种，果实多为卵圆形，如万吨早茄、济南早小长茄、鲁茄一号、灯泡茄、天津快圆茄、二芪茄、泰科早圆茄、意大利圆黑茄、丰研1号、绿茄1号、圆杂2号、北京六叶茄、西安绿茄、长虹2号、辽茄4号、新乡糙青茄、真绿茄、中日紫茄、9318长茄2、辽茄5号、圆丰1号等。露地延晚栽培一般选用的品种植株高大，直立性较强，叶片较肥大，叶色较深，果实多为中长或圆形，如中晚熟品种七叶茄、九叶茄、短把黑、茄杂2号、滨州圆茄、紫光大圆茄等。夏秋季栽培的可选用抗热、抗病的晚熟品种，如浙茄3号、紫秋、苏崎茄、安阳大红茄（又名紫红茄）等。

（1）万吨早茄　四川种都种业有限公司培育。早熟，抗黄萎病、疫病。茎秆黑紫色。生长势佳，定植后50天左右采收，连续结果势特强，坐果率高，果实上市集中。果实长圆柱形，果皮紫黑色，光泽度好。果肉疏松、味甘、细嫩、皮薄，单果重400～500克，每667米^{2}产8 000千克左右。

（2）短把黑　河北省农林科学院蔬菜研究所培育。中早熟，果实扁圆形，皮黑紫色，有光泽，果柄短，果肉细嫩，品质好，抗病耐旱，门茄着生7～8叶间，单果重1 000～1 500克，每667米^{2}定植1 800株，每667米^{2}产5 000千克。1～2月育苗，3月分苗，4月下旬至5月初定植露地。行距80厘米，株距45厘米。定植后蹲苗1周，然后浇水追肥，并进行培土，防倒防涝。生长期内追肥2～3次。6月底开始收获，每667米^{2}产量

5 000千克左右。

（3）茄杂2号　河北省农业科学院蔬菜花卉研究所育成的茄子早熟杂交种，1999年获河北省农业名优产品称号。株高80～90厘米，叶色深绿，生长势强，始花节位8～9节，从开花到采收16天，果实圆形，紫红色，有光泽，果把紫色。果肉浅绿白色，肉质细腻、味甜，单果重600～800克，最大果重2 000克，单株结果数多。一般每667米^{2}产5 000千克以上。适于春保护地及露地栽培，全国各地都有种植。河北中南部早春棚室种植2月下旬至3月下旬定植。双覆盖3月下旬至4月上旬定植，露地及地膜覆盖4月中下旬定植，苗龄80～110天，8～9片真叶，根系发达，茎叶粗壮，带花蕾。麦茬种植，4月中下旬育苗，苗龄40～50天。每667米^{2}施腐熟有机肥5 000千克，沟施磷酸二铵20千克或蔬菜专用肥30～50千克。地膜覆盖栽培，株、行距40～50厘米×70厘米，做成宽80厘米的高畦，间距60厘米。畦高10～12厘米，覆盖地膜。双覆盖栽培为促使早熟，可在四门斗上留2个叶打尖。果实膨大后，加强肥水管理，及时防治红蜘蛛和黄萎病。本品种增产潜力大，果实膨大速度快，需及时采收。每667米^{2}用种量50克。

（4）浙茄3号　秋季露地专用紫红长茄品种。果长28～32厘米，果粗2.5厘米，每667米^{2}产量3 500～4 000千克。果皮光滑发亮，商品性好，抗病、抗逆性强。

（5）紫秋　果实粗纤维含量低、肉质洁白细嫩，品质佳，口感好。果形整齐，着色好，果皮薄、紫红色，光滑亮丽，商品性好。耐热性强，坐果率高。抗病性强，产量比对照品种增产15%以上。适宜各地秋季种植。

26. 适合于保护地早熟栽培的茄子品种有哪些?

适合保护地早熟栽培的茄子品种应具备耐低温和高温、耐弱光、抗病、植株开张角度小、节间短、不易徒长等特点，但同时应注意根据所采用的设施类型、当地的消费习惯和栽培目的来选择品种。设施的类型不同，对品种的要求也不一样。如果要进行茄子大棚春早熟栽培，应选用耐寒性强，抗病，坐果多，果实生长快，适合当地食用习惯的优良早熟品种，如选用北京六叶茄、济南早小长茄、杂交紫长茄、德州小火茄、天津快圆茄、丰研2号、辽茄3号等品种。如果要进行小拱棚春早熟栽培就要选用较耐弱光，生长势中等，对低温适应性强，门茄节位低，易于坐果，果实生长速度快的早熟品种，如鲁茄1号、北京六叶茄、济南早小长茄、龙茄1号、苏州条茄、早紫丸、意大利圆黑茄、紫圆茄子、龙杂茄2号、齐杂茄2号、沈杂茄系列、紫线茄、辽茄7号、棒绿茄、黑秀茄、辽茄5号、圆丰1号、圆杂2号、北京六叶茄、五叶茄、二苠茄等，同时还要考虑当地的消费习惯和栽培目的。以长途运输销售为主时，应注意消费地区对品种商品性状的要求，选用适销对路的品种。

(1) 杂交紫长茄　新一代杂交种。植株长势中等，果实长形，长25厘米，粗3厘米，单果重150克，果紫黑色，有光泽。果实生长速度快，前期产量高，每667米^{2}产5000千克。

(2) 德州小火茄　植株直立，株高70厘米，果实较小，圆形，紫红色，果肉细，较抗病，单果重400克，适于保护地栽培。每667米^{2}产4000千克。

(3) 早紫丸　西安桑农种业有限公司培育。早熟圆茄品种，适宜于保护地早熟栽培。果实圆球形，中等偏硬，耐长途运输，是茄子基地生产的优选品种。耐低温，抗高温，可越夏生产，采收期从早春可延续到秋末。

27. 适合于保护地延后栽培的茄子品种有哪些？

茄子保护地延后栽培是通过采取人工控制措施，创造适合于茄子生长的小气候条件，在早霜来临之前进行覆盖，保温防寒，使其继续生长，延长生长，延长供应的一种栽培方式。保护地延后的茄子在元旦至春节期间上市，销路好，售价高，因此近年来有较大发展，但在进行茄子保护地延后栽培时应选择适合的品种。因为秋延后的茄子在育苗时一般温度比较高，而在后期气温或地温都比较低，因此，茄子秋延后栽培应选用既耐高温又耐低温、抗病性强、结果集中、生长势强、耐湿、果大、优质的中晚熟品种。如万吨长茄、济丰 3 号、湘早茄、苏畸茄、华茄 1 号、湘杂 6 号、茄杂 2 号、黑茄王、滨州圆茄、长茄 1 号、安阳大红茄（又名紫红茄）、九叶茄、丰研 1 号茄、黑丽条茄等优良品种。

（1）万吨长茄　四川种都种业有限公司培育。早中熟，果实上市集中，连续结果势特强，生长势佳，定植后 50 天左右采收，果实长圆形，坐果率高，果皮墨黑色，光泽度极好，单果重 500～800 克。茎黑紫色，果肉疏松，味甘、细嫩、皮薄、产量高。平均每 667 米^2 产 6 000 千克左右。

（2）华茄 1 号　华中农业大学园艺系培育的茄子品种。该品种以 85－13 自交系作母本、85－11 作父本经杂交选育而成，1993 年 5 月通过湖北省农作物品种审定委员会审定。该品种株高 70 厘米，横径 4 厘米，果面光滑，皮紫色有光泽，单果重 110 克左右，皮薄，纤维少，从定植至采收 40～42 天，于 4 月底至 5 月初采收，一般每 667 米^2 产 2 500～3 000 千克。极早熟，丰产，种子少，品质优，商品性好，具有较强的抗逆性，适合在长江流域各省及华南各省春、秋两季栽培。

（3）湘杂 6 号　湖南省蔬菜研究所选育的晚熟一代杂交茄子，1999 年 2 月通过湖南省品种审定。该组合植株生长势强，株高 103 厘米，开展度 100 厘米。果直径 5.8～6 厘米，单果重 210～350 克。晚熟，从定植到采收需 60 天左右。耐热性和抗病性强，耐寒、耐肥、高产、稳产。一般每 667 米^2 产 3 000～

4 000千克。适合长江中下游地区作秋茄栽培和露地晚熟栽培。播种期以 4～7 月份为宜。

（4）黑茄王　河北省农业科学院经济作物研究所育成的耐热、优质越夏茄子新品种。2003 年通过河北省品种鉴定。现已推广到河北、山西、河南、山东。中晚熟，耐热，抗病。株高 90 厘米左右。生长势强，株型紧凑，叶片上冲，叶色深绿，心叶发紫，茎粉紫色，有茸毛，始花节位 9～10 节，果实圆形稍扁，紫黑油亮，无绿顶，果把小，果肉浅绿色，肉质细腻，籽少，单果重 600～800 克，最大果重 1 500 克，一般每 667 米^2 产 4 500～5 000 千克，适于双覆盖、露地及夏播栽培。露地种植每 667 米^2 栽 1 800～2 000 株；夏播栽 1 500～1 800 株。

28. 适合于寒冷地区日光温室越冬栽培的茄子品种有哪些？

由于茄子本身喜高温，怕寒冷，正常生长下的条件多是由冷到热，由日照时间短生长到日照时间长的季节，而越冬茬生长期间的温光条件恰与正常生产下所需要的条件相反，在栽培时植株需经先热后冷、日照越来越差的条件，再加上寒冷地区的气温和地温都相对较低的特点，因此在选择品种时宜选择耐寒、耐弱光、抗病、丰产、果实膨大快、果实商品品质较好（果形、色泽符合市场需求）、食用品质好（尤其是种子少、不易老熟）的品种。目前适于寒冷地区日光温室越冬茬栽培的品种主要有青选长茄、94-1、吉茄 1 号、济杂长茄 1 号、辽茄 7 号、快圆茄、兰竹长茄、圆杂 2、9318 长茄 2、尼罗、布利塔、郎高、新乡糙青茄、济丰 3 号、天津二苠茄、黑山长茄等。

（1）青选长茄　山东省青岛市农业科学研究所选育。果实长棒形，果皮鲜紫色，果肉细致，易煮烂，品质好，较抗绵疫病和褐纹病，比较耐热、耐涝，中熟品种。

(2) 兰竹长茄　兰州市西固区农业技术推广站以兰州长茄和竹丝茄自交系作亲本配制的一代杂种，目前已成为甘肃茄子主栽品种之一。生长势强。株高 128～136 厘米，开展度 78～82 厘米。第七至八节着生门茄。果实长棒形，直而较粗，纵、横径为 27 厘米×4.5 厘米。紫黑色。单果重约 200 克。果肉细嫩，不易老，品质好。抗寒耐热，较早熟，甚丰产。一般每 667 米^2 产 5 000～6 000 千克。

29. 进行茄子的高产高效栽培时，应如何选择和搭配品种？

进行茄子的高产高效栽培时，首先要考虑选择和搭配合适的品种。在选择和搭配合适的品种时要综合考虑如下几个因素：

首先，应考虑当地的消费习惯。茄子在我国有广泛的分布，但各地对茄子的消费需求相差比较大，如长江流域多为长茄类型，要求果皮紫红色，华北一带多为圆茄类型，广东人喜欢红茄，四川、云南人喜欢黑茄，北京人喜欢圆茄，西北市场偏爱绿茄。因此，在选择品种时，必须考虑到当地的消费习惯。

其次，要考虑栽培设施及栽培季节。保护地设施栽培宜用早熟、耐寒品种，如杭茄 1 号。露地栽培应选择结果性、商品性好的品种，如杭州红茄、引茄 1 号等。夏季栽培和秋季栽培要选择抗热性和再生能力强、品质好的品种，如农友长茄、杭茄 3 号等。

第三，要考虑当地的气候条件。尽管茄子属于喜温、较耐热、对光周期不敏感的类型，但各品种对环境条件，特别是气候条件的要求存在一定的差异。因此，在选择品种时，应注意到品种的特点及当地的气候条件。

此外，在选择品种时，也要明确是鲜食还是加工用。加工用者宜选用果实小、组织致密、产量高、中晚熟而不宜鲜食的品种。鲜食品种应考虑果形整齐、色泽鲜艳、肉质细嫩、风味好的品种。

三、栽培季节和茬口安排

30. 茄子对栽培季节有何要求?

茄子性喜高温，在果菜类中属于较耐高温的一种，比番茄、辣椒要求的温度还要高，生育的适温是22～30℃，气温低于20℃影响授粉、受精和果实的正常生长。0～1℃即受冻害。当温度高达35～40℃时，花器易发生障碍，形成畸形果，气温45℃以上时，几小时即可使茎叶发生日灼，叶脉间叶肉坏死，部分茎坏死→变细→折断。定植时地温不可低于12℃才安全，生长期间以地温不高于25℃为好。综上所述，茄子喜温，怕热，怕霜冻，在定植后不加保护的露地条件下生产时，只能在无霜的季节里栽培。因此，在露地下的生长盛期是在夏、秋两季，秋末下霜后拉秧。

31. 目前茄子有哪些栽培方式?

茄子喜温，不耐霜冻，适应性较强，在我国南北各地栽培非常普遍。随着各种设施栽培技术的发展，新的设施栽培措施也不断出现，使茄子的栽培方式在传统的基础上也发生了较大的变化。这些栽培方式主要有露地栽培、地膜覆盖早熟栽培、塑料棚春提早栽培、塑料棚秋延后栽培、日光温室秋冬茬、冬春茬和越冬茬栽培等。

(1) 露地茄子栽培　中国华南地区和台湾地区全年均可栽

培；长江流域、华北地区终霜后露地育苗，或终霜前 2～3 个月于冷床、温床育苗，终霜后露地定植；东北、西北等无霜期不足 150 天的寒冷地区，都于终霜前在温室或温床育苗，春末夏初定植。

露地春茬栽培：一般在当地晚霜过后，日平均气温在 15℃左右开始定植。东北北部及内蒙古北部，2 月上旬温室育苗，5 月上旬定植，6 月中下旬上市，一直采收到 9 月上旬。东北南部、华北及西北地区，1 月中旬温室、温床育苗，4 月中旬定植，5 月下旬上市，一直采收到 8 月下旬。华东、华中和中南地区，1 月上中旬电热温床育苗，4 月上旬定植，5 月中旬上市，可延续到 7～8 月。

露地夏季栽培：4 月下旬至 5 月上旬露地平畦育苗，苗龄 60 天左右，6 月下旬至 7 月上旬定植，8 月中旬上市，可延续到 10 月下旬。

（2）小拱棚短期覆盖栽培　东北北部及内蒙古北部地区 1 月上旬育苗，3 月下旬至 4 月上旬扣棚，4 月中下旬定植，5 月下旬上市。7 月中旬可更新剪枝，8 月中旬重新结果上市，一直延续到 10 月下旬。东北南部、华北及西北地区可比上述地区提前半个月育苗和定植。华东、华中可比上述地区提前 15～20 天育苗和定植。

（3）大棚茄子栽培　又分为大棚早春茬栽培和大棚秋延后栽培。大棚早春茬栽培，东北北部及内蒙古北部，1 月上中旬育苗，3 月上中旬扣棚，4 月上中旬定植，5 月上中旬上市，可延续至 7 月末。东北南部、华北及西北地区，可比上述地区提前 10～15 天育苗，定植及扣棚时间可提前 15 天以上。华东、华中地区，育苗、定植、扣棚时间可再提前 15～20 天。大棚秋延后栽培，东北中南部 7 月上旬育苗，8 月上旬定植，9 月下旬直至 11 月上旬上市。华北、西北地区 6 月中旬育苗，7 月中旬定植，9 月上旬至 11 月下旬拉秧。华东、华中及中南地区，7 月上旬育苗，8月上中旬定植，9月下旬至翌年2月下旬拉秧。

(4) 日光温室茄子栽培　又分为日光温室冬春茬栽培、日光温室早春茬栽培和日光温室秋冬茬栽培。冬春茬栽培，东北及内蒙古北部10月上旬育苗，1月上旬定植，2月中旬上市，延至7月中下旬拔秧。华北、西北地区，9月上中旬育苗，12月上中旬定植，翌年2月中下旬上市，延续至7月中旬。山东、河南，8月中下旬育苗，11月中下旬定植，翌年1月上中旬上市，延续至7月上旬。早春茬栽培，育苗和定植期要延晚1个月。秋冬茬栽培，6月下旬育苗，8月下旬定植，9月上中旬扣膜，11月初上市，一直延续到翌年2月上旬，然后接早春茬，也可一直延续到4月末5月初。

日光温室结合遮阳网、无纺布等覆盖栽培技术的推广应用，茄子生产已由春、秋向冬、夏延伸，构成了周年生产、周年供应体系。

32. 露地茄子的季节茬口如何安排?

茄子喜温怕冷，露地栽培必须在无霜期，分为春、夏两茬，春茬又分为早熟栽培和中熟栽培，夏茬也称恋秋茬，可一直延续到9、10月，直到下霜为止。

露地春茬茄子一般是在当地晚霜过后，日平均气温在15℃左右开始定植，北方多在4月下旬至5月上旬，南方3月底至4月初，是利用自然条件下温、光、水条件适宜进行生产的一茬。春播露地茄子可分为早熟栽培和中、晚熟栽培两种。

早熟栽培叫春茄子，它是利用春白地定植的一茬，争取的是早期产量，因此宜选用早熟品种，如北京五叶茄、北京六叶茄、新乡糙青茄、天津快圆茄、辽茄1号、辽茄4号等，需要在保护地里早育苗。其育苗一般可在1月开始。

中、晚熟栽培是晚春或早夏茄子，它是利用春播快菜收获后栽植，定植时间比早熟栽培的要晚些，生产中争取的是总产量高，因此多选用中、晚熟品种，如北京七叶茄、北京九叶茄、天津大民茄、新乡糙青茄、徐州长茄、辽茄2号、吉茄1号等。由于定植时间较早熟栽培为晚，所以育苗也晚，利用比较简单的保护地设施即可进行育苗。其育苗多在2月中旬前后。

露地夏播茄子在黄淮海一带又称麦茬茄子。它是在露地育苗，小麦、油菜或春提早蔬菜如甘蓝、地芸豆、大蒜、莴笋收获后定植。这一茬茄子集中上市期正是8～9月的蔬菜小淡季，对市场均衡供应起着积极的作用。由于这茬茄子生产从育苗期就一直处于喜温果菜的露地生产的适宜期，生产上不必使用什么特殊设施，技术上容易掌握。但是一旦进入炎热多雨的夏季就对茄子的生长不利，但门茄采收后就进入秋季，气候比较适宜于茄子的后续生长。由于这茬茄子依靠的是中后期的产量，因此，必须采用中晚熟品种。茄子的果形和颜色应适应当地的消费习惯。品种最好还要具备较好的耐热和抗病能力。

33. 地膜覆盖茄子的季节茬口如何安排？

地膜覆盖茄子的栽培季节一般介于露地早茄子和小拱棚覆盖栽培茄子之间，于1月底至2月初在温室、温床或冷床里育苗，当地晚霜结束后进行定植。一般选用耐寒高产的早熟或极早熟品种。土地茬口安排也基本同露地栽培。

34. 塑料薄膜拱棚覆盖茄子的季节茬口如何安排？

（1）大、中棚早春茬茄子栽培　江苏、浙江一带一般于9月下旬10月初播种育苗，翌年2月初定植，3月上市，7月拉秧。东北北部及内蒙古北部，1月上中旬育苗，3月上中旬扣棚，4月上中旬定植，5月上中旬上市，可延续至7月末。东北南部、华北及西北地区，可比上述地区提前5～10天育苗，定植及扣棚时间可提前15天以上。华东、华中地区，育苗、定植、扣棚时间可再提前15～20天。

（2）大、中棚春茬茄子栽培　选用抗病性强、耐低温、果实膨大快、中早熟的品种。一般情况下南方江浙地区、北京地区、华北地区冬季12月份育苗，翌年3月份定植，4月中下旬开始上市，比日光温室春茄晚上市约20天。如北京地区春大棚栽培，12月上旬至下旬温室播种育苗，3月下旬至4月上旬定植。

（3）大、中棚秋茬茄子栽培　选择既耐低温又耐高温、抗病性强、耐贮藏的中晚熟品种。东北中南部7月上旬育苗，8月上旬定植，9月下旬直至11月上旬上市。华北、西北地区6月中旬育苗，7月中旬定植，9月上旬至11月下旬拉秧。华东、华中及中部地区，7月上旬育苗，8月上中旬定植，9月下旬至翌年2月下旬拉秧。7月上中旬开始育苗，8月上中旬定植。霜冻前把果实全部采收完，然后进行贮存，在新年前后上市销售。长江中下游流域，5～6月底育苗，6～7月底定植，9月下旬覆盖薄膜，8月上旬至9月初始收，采收期可延长至11～12月。华北地区，一般7月上中旬育苗，8月中下旬定植，采收期为10月下旬至翌年1月上旬。秋季气温下降时，要及时扣棚。扣棚前，加强肥水管理，保秧壮果。扣棚要逐步扣严，使茄子从露地生长到棚内生长，有一个逐渐适应的过程。扣棚后，前期要大胆通风，不使温度过高、湿度过大，有利开花结果。后期加强防寒保温，延长生育期，促进果实成熟，争取丰产。

35. 日光温室茄子的季节茬口如何安排？

（1）日光温室越冬茬茄子栽培　华北地区在7月下旬至8月中旬育苗，9月下旬定植。西北地区在10月中旬播种育苗，1月中旬定植，3月初开始收获。

（2）日光温室冬春茬茄子栽培　华北地区一般于9月中旬播种育苗。由于地温正常，光照条件较好，苗龄在70～80天左右，到11月上中旬即可定植，春节前后采收上市。产值较高，经济效益好。北京地区10月中、下旬温室播种育苗，1月下旬至2月初定植。

（3）日光温室早春茬茄子栽培　华北地区一般于10月上旬至11月下旬育苗，12月下旬至翌年2月下旬定植。上茬为芹菜或其他非茄果类蔬菜。

（4）日光温室秋冬茬茄子栽培　以满足深秋、初冬市场需求为主。对于那些保温采光好的日光温室，应充分发挥设施优势，选择中晚熟、产量高、耐贮运的品种，以延长生育期，增加后期产量，取得较高的经济效益和社会效益，元旦后、春节前拉秧。采收的果实进行一段时间贮藏，供应春节市场。秋冬茬栽培有两种方式：一是利用夏秋露地栽培的茄子，在早霜来临前扣上塑料棚，延迟供应到初冬；二是6月下旬育苗，8月定植，早霜前扣上小拱棚，延迟采收到2月上旬。

36. 茄子的土地茬口如何安排？

茄子不宜连作，在露地多次作茬口安排中，华北、东北、华中、华东为一年两次作，其土地茬口多为早茄子—大白菜；一年三次作区，土地茬口多为早茄子—早萝卜—晚白菜或菠菜；一年四次作区，土地茬口多为菠菜—早茄子—小白菜—秋甘蓝；一年多次作土地茬口多为2月小白菜—小白菜—早茄子、瓠瓜—早秋白菜—白菜。

露地茄子的茬口安排均适于保护地，但要根据设施的性能、市场需要、生产者的技能及条件调整安排茬口。

四、栽培技术

（一）种子和育苗

37. 茄子的种子有哪些特征？为什么茄子种子发芽比较困难？

茄子的种子扁平，呈肾形，颜色为赤黑色或黄色，有光泽。种皮有细纹而无毛。陈种或采种时未洗干净的种子呈淡褐色，失去光泽。种子的长度3.1～3.7毫米、宽度2.6～3.1毫米、厚度0.8～1.1毫米，千粒重4～5克，即每克种子200～250粒。茄子的种子由种皮、胚乳和胚组成，充满着蛋白质和脂肪。蛋白质和脂肪是种子萌发和出土时所需养分及能量的来源。

茄子种子的发育比果实发育迟，果实在商品成熟期采收时，种皮仍十分柔软，并不影响食用。一般在开花后60天左右，当果实达到生理成熟（老熟）时，种皮才逐渐硬化，胚乳和胚发育完全，种子千粒重已趋稳定，并且具备了良好的发芽力和发芽势。

由于茄子的种皮为革质，厚而坚硬，有蜡质层，不易吸水透气，并且种子在浸种催芽时表面会产生黏液，从而阻碍种子的萌发。因此茄子种子发芽比辣椒、番茄等种子慢而困难一些。此外，因种子在采收后有几周时间的轻度休眠，若采收后马上播种，发芽率往往较低。并且，如果在恒温条件下催芽，种子发芽率往往也不高。

茄子种子的生命力很强，在通常室温下，只要种子干燥，保持发芽能力的年限为5年，但生产上的使用年限为2年，陈种子的发芽率较低，尤其是发芽势低，播种时常常出苗不齐，容易出现大小苗现象。所以生产上要尽量采用新种子，但也要注意不能使用尚未度过休眠期的种子。

38. 怎样判断茄子种子质量的好坏？

茄子种子的质量主要取决于种子净度、饱满度、发芽率、发芽势和种子纯度。

（1）种子净度　检验种子净度的方法比较简单，随机抽取一定重量的种子样品，将其中的沙、土、枝叶、瘪籽、其他作物的种子等杂质分离出来，然后称重并用下式计算净度：

$$品种净度=\frac{(抽取样品的重量-杂质重量)}{抽取样品的重量}\times 100\%$$

茄子种子的净度要求达到97%以上。

（2）饱满度　也就是种子的饱满程度。一般用千粒重来表示，即1 000粒种子的质量（克）。测定时，可随机数取1 000粒种子称重，即可获得千粒重。千粒重越大，说明种子越饱满、越充实。茄子种子的平均千粒重为5.25克左右。

（3）发芽率　是指样本种子中可发芽种子的百分数。由于对于某种作物而言，当发芽天数延长到一定时间后，还未发芽的种子以后一般不会再发芽。所以，在实际测定种子发芽率时一般也规定一定的发芽天数。茄子种子发芽率测定规定时间为14天。其发芽率的计算公式为：

$$种子发芽率=\frac{14天内发芽种子粒数}{供试种子粒数}\times 100\%$$

测定发芽率可将种子置于培养皿、瓷盘、纱布包或毛巾包中进行。发芽过程中要保持一定的温度（30℃或30℃/20℃变温）、水分、光照、氧气等条件。茄子种子的发芽率要求达到80%以上。

(4) 发芽势　是指规定天数内发芽种子占供试种子的百分数。它是种子发芽速度、整齐度和发芽集中程度的量化指标。茄子种子发芽势测定规定的天数为7天。其发芽势的计算公式为:

$$种子发芽势=\frac{7天内发芽种子粒数}{供试种子数}\times 100\%$$

茄子种子的发芽势要求达到70%以上。

(5) 种子纯度　茄子种子的纯度要求达到95%以上。种子纯度的检验一般采取田间鉴定的方法。每个品种都有其自已的形态特征。待种子出苗以后，或进入开花结果期时，在田间随机数取一定数量的植株，按品种的形态特征，对其进行感官鉴定，记下符合和不符合本品种特征的株数计算品种纯度。现在也用同工酶、特异蛋白等生理或DNA分子检测手段检测种子纯度。种子纯度的计算公式为:

$$品种纯度=\frac{符合本品种特征的株数}{鉴定的总株数}\times 100\%$$

39. 茄子播种前种子处理方法有哪些?

茄子播种前种子处理方法很多，主要有浸种、催芽、药剂处理、消毒处理、种子包衣、胚芽锻炼等。浸种因要求达到的目的不同，而有普通浸种（常称浸种）、温汤浸种、间歇式浸种等；药剂处理有药剂浸种、药剂拌种等，多以种子消毒为目的，也有的是为了补充营养和壮苗等；消毒处理有高温消毒、药剂消毒、射线消毒等，高温消毒又有湿热消毒（如温汤浸种和热水烫种，即利用高温水进行种子消毒）和干热消毒（即利用高温干燥的空气进行种子消毒）。

不同的种子处理方法可以达到不同的目的，有的种子处理方法可以有多种目的。在一个地区，茄子种子播种前处理方法的选择，应该根据生产季节、播种育苗条件、种子质量等具体选用。

40. 茄子浸种有何要求？如何做好茄子普通浸种？

茄子种子表面有致密的蜡质，吸水透气性差，吸水慢，种子发芽较困难，并且种子传播病菌也比较严重。播种前进行浸种处理，基本要求是使种子吸水膨胀，以便启动内部的物质代谢；同时使种皮软化、发芽孔松弛，以便胚根萌发。

茄子普通浸种即用常温水进行浸种。做好普通浸种最关键的是掌握好浸种时间，其次是注意水量。茄子普通浸种的时间一般较长，约为8～12小时。浸种时间过短，种子可能未吸足水分，则催芽时种子继续补充吸水膨胀，因而发芽延迟；浸种时间如果过长，则种子内细胞膜易受到损伤，种子内营养物质外渗，影响种子活力。浸种水量一般应为种子量的3～5倍，以便充分浸润种子。浸种时间与种子成熟度、表面蜡质厚度等有关，浸种初期，种子倒入水中后应使水尽快浸润种子，同时用手反复搓洗种子，洗去种子表面的黏液。搓洗种子后，如果浸种水过于混浊，应换清水，然后继续浸种。浸种结束后，捞出种子并用清水冲洗干净，然后催芽。

包衣的种子，一般无需浸种。或用少量水（浸没种子即可）浸种，浸种过程中也不要搓洗种子，以免去除了种衣而影响包衣效果。

41. 温汤浸种有何作用？如何做好茄子温汤浸种？

温汤浸种就是先用温热水烫漂种子，然后再用常温水浸种。所以，温汤浸种包括两个阶段：第一阶段是温烫，即用温度较高的温水热烫种子，具有种子消毒的作用，可以杀死种子表面病原物和害虫；并且有通过热胀冷缩增加种皮透气透水性、促进种子萌发的作用。第二阶段是浸种，即与普通浸种一样，用降至室温的常温水浸泡种子，使种子吸水膨胀。

温汤浸种的两个阶段中，温烫最为关键，技术性也最强，一般要把握好 3 个技术要点。首先要掌握好水温，水温以种子带菌的多少和可能病菌种类确定。带菌多的，带有较耐高温的病菌时，水温要高；反之，则水温可低。其次是水量，应为种子量的 3～5 倍，以保证充分浸润种子，并能维持水温的相对稳定。第三是烫种时间，原则上与温度结合，应能达到充分消毒种子的目的。所以，种子带菌多的、病菌耐高温能力强的，温烫温度应偏高，时间应较长；反之，温烫温度应较低，时间应较短。

茄子温汤浸种的具体方法是：先准备种子量 3～5 倍的 55～60℃温水，并准备少量热水。然后将种子倒入温水容器中，立即搅拌使种子充分湿润，如果水温降低，应补充热水，使水温保持在要求的恒温条件，在此温度下浸泡种子 15 分钟，期间边浸边搅拌。15 分钟后，继续搅拌，使水温自然降至 37℃时停止搅拌，继续浸种 8～10 小时。浸种过程中，用手反复搓洗种子，洗去种子表面的黏液；必要时换用清水浸种。浸种结束后，捞出种子并用清水冲洗干净，然后催芽。

42. 什么叫间歇式浸种？茄子间歇式浸种有何作用？

间歇式浸种就是先将茄子种子倒入 3～5 倍的常温水中浸泡 8 小时，捞出后摊晾 8 小时，然后再浸泡 4 小时，捞出后进行催芽。

茄子间歇式浸种可避免种子吸水过度，能使水分缓慢渗入种子内部，保证种子发芽时对氧的需要，促进提早发芽，缩短催芽时间。与连续浸种相比，间歇式浸种比连续浸种能明显提高茄子种子的发芽速度。

43. 茄子种子消毒的方法有哪些？

茄子种子消毒主要是对种子上携带的病菌及虫卵等进行灭

杀，避免或减少苗期病虫危害。茄子种子消毒的方法有物理消毒法、化学消毒法等。物理消毒包括干热、湿热、紫外射线等方法，化学消毒包括药剂浸种、药剂拌种、消毒剂包衣等方法。目前生产中应用的物理消毒方法主要是温汤浸种和热水烫种，常用的化学消毒方法是药剂浸种。

44. 如何做好茄子种子的药剂处理？

种子药剂处理主要有药剂浸种和药剂拌种等方法。

药剂浸种就是用一定浓度的药液浸泡种子一定时间，因所用药剂的不同，可以达到不同的目的。浸种的药液必须是溶液或乳浊液，不能用悬浊液。药液浓度和浸泡时间必须严格掌握，以免产生药害。常用的药剂浸种方法是：用50％多菌灵1 000倍液浸泡种子20分钟，或用100倍福尔马林溶液浸泡种子10分钟，可以杀灭种子携带的病菌；或用10％磷酸三钠浸泡种子20分钟，或用0.2％高锰酸钾浸泡种子10分钟，可以钝化种子携带的病毒，药剂浸种时要使药液浸过种子5～10厘米，以便充分浸润种子。浸种后捞出种子，应反复用清水冲洗，并搓掉种子表面的黏液，然后进行催芽或播种。

药剂拌种是用较高浓度的药剂与干燥种子进行混拌或者用药粉与浸种后的湿种子进行混拌，将药剂或药粉均匀地粘附到种子的表面上，对种子周围的土壤病菌有较好的杀灭作用，药效较长。另外，该法对干种子处理的时间也较为灵活，可用于种子采种后，也可用于种子贮藏期间或播种前，较适合对大批量的种子进行处理。所需药剂的用量一般为种子重量的0.1％～0.4％，由于药剂用量少不易拌匀，故可加入适量的中性石膏粉、滑石粉或干细土，先将药剂分散，再将种子与之混合，这样比较容易将药剂均匀地附着在种皮上。常用的药剂有70％敌克松、50％多菌灵、40％拌种双、25％甲霜灵等。

45. 茄子种子用赤霉素浸种有何作用？如何做好茄子种子赤霉素浸种？

茄子种子播前赤霉素浸种有以下作用：

（1）打破种子休眠，促进种子发芽　刚采收的茄子种子往往处于深度休眠状态，即使给以变温处理条件，发芽也明显不良，发芽断续而不整齐，发芽持续的天数也增多；另外，由于种子的成熟度以及饱满度不一致，同一批种子的发芽先后时间也往往差异比较大，常造成茄子种子发芽不整齐。用赤霉素浸种能够有效地打破种子的休眠，促进种子整齐发芽，从而提高种子的发芽率和发芽势，提早发芽，一般可使种子的发芽期缩短1～2天。

（2）促进幼苗生长　用赤霉素处理过的种子播种，幼苗生长速度快，能够有效地解决茄苗生长缓慢、育苗期长等问题。

（3）降低落花率，提高产量　用赤霉素处理过的种子播种，茄苗长势强，发叶早，叶面积大，光合效率高，营养充足，花芽的质量也比较高，优质花率增多，坐果率高，落花少，一般落花率减少4%～5%。同时增产明显，一般可增加产量5%～17%。

茄子赤霉素浸种一般采取低浓度、长时间的浸种方法。即用50～100微升/升浓度的赤霉素溶液在恒温条件下浸种12小时，捞出种子后再进行催芽。赤霉素的浓度不可过高，更不可用高浓度的赤霉素进行长时间浸种，否则会引起茄苗徒长。

由于茄子种皮较厚，有蜡质，用赤霉素水溶液浸种需时间长，且效果不理想。若用丙酮作为溶剂，配成赤霉素溶液浸种，可以加速赤霉素渗入种子内部，其效果更好。

46. 种子包衣有什么好处？

种子包衣归纳起来具有以下优点：

(1) 有效防控作物苗期病虫害　种衣剂中的杀虫杀菌剂包被于种子表面的衣膜内，能在作物苗期缓慢释放，药效长达30～60天，对苗期病虫害防治效果可达65%～90%。

(2) 促控幼苗生长，提高作物产量　种衣内的激素、肥料等活性物质在作物苗期缓慢释放，可促进出苗，促控幼苗生长、增强抗逆性，最终提高作物产量5%～20%。

(3) 省种省药，降低生产成本　种衣内活性成分的存在，可有效减少种子播种后烂种死苗率，保证苗全、苗壮；同时包衣种子质量高，可精量播种，从而大幅度节约用种量，通常节约种子10%～30%。由于种衣内农药药效期长，可减少用药次数及用量，节约劳动力。

(4) 减少环境污染、保护天敌　种子包衣使苗期用药方式由开放式改为隐蔽式，即使是毒性较高的农药，包被于种衣内，也容易使之低毒化；尤其是种衣中加入的药量相对于田间任何一种施药方式，都可以达到忽略的程度，因而可有效地减少对环境的污染程度。

(5) 便于机播、匀播　小粒种子经丸化包衣后，可使其体积重量增加，形状、大小均匀一致，从而有利于机械化播种、均匀播种。

(6) 促使良种标准化，防止伪劣种子流通　包衣前种子预先进行了精选，且种衣剂中含有特殊色料，既保证了良种的标准化，又可有效防止伪劣种子流通，从而加速了种子产业化的进程。

47. 茄子种衣剂有哪些类型？如何选择种衣剂？

按照适用对象，种衣剂一般有通用型和专用型之分。通用型种衣剂一般适用品种广泛，针对解决一般品种普遍存在的问题，适用面广，但解决问题的程度一般；专用型种衣剂一般针对某类或某个品种的特性和种子发芽、幼苗生长特点而研制，针对性地解决其生产问题，效果突出，但适用面窄。

按照主要功能分，种衣剂有防止芽期和苗期病虫害的，有壮苗提高秧苗素质的，有增强芽苗抗逆境能力的，也有兼防病虫、提高秧苗素质和抗逆境能力的。

茄子种子包衣首先要选择适宜的种衣剂。种衣剂一般根据茄子品种特性、种子携带病菌情况、种子发芽和幼苗生长特点、育苗地区、育苗季节、育苗条件等的因素选择。对于种子携带病虫害较多、苗期病虫害严重的，应选择以防病虫害为主的种衣剂；对于发芽困难，发芽不整齐，幼苗生长细弱的，应选促进发芽、提高芽苗质量为主的种衣剂；对于逆境下育苗，或育苗条件差的，应选择以提高芽苗抗逆境能力为主的种衣剂。

48. 如何进行茄子种子包衣？

茄子种子包衣方法主要有机械包衣法和人工包衣法两种。

（1）机械包衣法　即借助种子包衣机进行种子包衣的方法。目前，我国生产和应用的种子包衣机逐渐增多，主要有石家庄种子机械厂生产的5BY-5A型，山西水利厂生产的5BY-LX型，中国农业机械化科学院研制的BBYF-5型等。

采用种子包衣机进行种子包衣时，先按种子和包衣剂的比例准备种子和种衣剂，分别加入包衣机的种子箱和种衣剂箱中，具体操作过程参考种衣剂和包衣机使用说明书进行。

（2）人工包衣法　人工包衣法因所用包衣容器的不同而有圆底大锅包衣法、大瓶或小铁桶包衣法等。

①圆底大锅包衣法：将圆底大锅固定好，称好种子放入锅内，按比例称取种衣剂倒入锅内，立即用预先准备好的大铲子快速翻动，搅匀后留作播种用。

②大瓶或小铁桶包衣法：准备好能装5千克种子的有盖大瓶子或小铁桶，称取2.5千克种子放入瓶或桶内，按药种比例称取一定数量的包衣剂倒入盛有种子的瓶或桶内，立即快速摇动，搅匀后留作播种。

49. 种子包衣时应注意哪些问题？

种子包衣技术是近年来研制和应用于种子加工的一种新的种子处理技术，就是用适宜的种衣剂按比例均匀包衣于种子表面，并在种子表面形成粘着牢固而可以在种子萌发时和幼苗生长期缓慢释放的药膜。种子包衣时应注意以下几点：

（1）正确选择种衣剂　首先，正确认识不同型号种衣剂的主要作用，了解当地主要病虫害及发生情况，对症用药，最大限度地发挥种衣剂使用效果。其次，把好种衣剂的质量关。检查种衣剂有效成分含量和配套助剂是否符合要求。此外，要检查种衣剂的成膜性，是否在20分钟内成膜，不脱落，不粘连。还要检查药剂的稳定性和贮藏期。第三，使用前，一定要将种衣剂摇匀，消除沉淀。如因温度低难消除沉淀，可将种衣剂桶放在30～40℃水中加温化解。

（2）种子包衣前准备　种子包衣前必须精选加工，包衣种子发芽率要超过国标。包衣前要使种子内的水分晾晒到12.5%以下，因包衣后不宜晾晒，保证包衣后种子水分不超过13%，方能安全贮存。

（3）掌握包衣用药量　包衣用药量必须在种衣剂使用说明规定的范围内，不能超量，也不能药量不足，要保证每粒种子都均匀而牢固地附有一层药膜。

（4）种衣剂的保管　种衣剂所含农药为高毒型农药，在运输、销售过程中要注意安全，要有专人负责，要有明显的警戒色和标识记号，一定要保证人畜安全。

50. 使用包衣种子时应注意哪些问题?

包衣种子是将药、种按一定的比例，将杀虫剂、杀菌剂和成膜剂等在种子表面均匀地涂上一层药膜。其种衣含有的杀虫剂和杀菌剂有毒，在使用过程中很容易造成人畜中毒，因此在使用包衣种子时应注意以下几点：

①包衣种子只能作种子用，绝对不能食用或作饲料。

②在晾晒或播种包衣种子时，要穿戴防护性能好的衣服，戴好防护手套，不能边翻动种子或播种，边吃东西或喝水，更不能徒手擦眼睛。

③接触包衣种子后，要用肥皂洗净手、脸后再进食。

④对装过包衣种子的口袋，不能再装其他东西，更不能缝制成帐篷等物使用，而要全部销毁。

⑤发种单位只需供应足量的包衣种子，播种后如有剩余，应该及时交回，避免有毒包衣种子少量散落，引发人畜中毒。

51. 茄子为什么要催芽? 常用的催芽方法有哪些?

茄子催芽是指将茄子种子放置在适宜的温度、湿度、氧气等条件下，培养种子发芽的过程。由于茄子种子出芽对于温度、湿度、透气性等条件要求较严格，如果将处理过的种子直接进行播种，往往造成种子在苗床上发芽和拱土困难。种子经催芽后，再进行播种，则可以加速种子出土过程，提高发芽率和发芽整齐度。

常用的催芽方法有：

（1）恒温箱或催芽箱催芽　先把种子装入纱布袋中，再把纱布袋放在催芽盘中，最后放入温箱中。这是目前比较理想的催芽方法，其温度、光照、变温处理都可自动控制。

（2）常规催芽　将经过浸泡的种子，先在清水中搓洗，捞出后，沥干水分，然后用保水、透气性好的毛巾、纱布或麻袋片裹好。然后，将种子包放置在28～30℃的环境条件下。一般经过5～6天即可发芽。

（3）锯末催芽　为改善催芽温度、空气湿度条件，用锯末催芽效果较好。方法是，先在木箱内装10～12厘米厚、经过蒸煮消毒的新鲜锯末，洒上水，待水渗下后，用粗纱布袋装半袋种子，平摊在锯末上，种子厚度以1.5～2厘米左右为宜，然后在上面盖3厘米厚经过蒸煮的湿锯末，将木箱放在火道或火墙附近或火炕上，保持适宜温度。这种方法在催芽过程中，不需要经常翻动种子，发芽快且整齐，在适温下4～5天即可发芽。

（4）热炕催芽　在北方地区利用室内热炕催芽是一种很简便的方法。将处理好的种子倒入洁净的瓦盆内（盆底垫上干净毛巾或纱布），种子上面覆盖一层潮湿干净的毛巾或纱布，放到热炕上催芽。利用热炕催芽，盆下要垫木条或高粱秆，以缓和炕上的热力。盆的上面再覆盖一层麻袋或棉毯，保持温度。

（5）低温催芽　浸种结束后将种子置于4℃左右环境中2～4小时，再取出升至室温，然后又置于4℃左右的环境中。反复几次后装入湿麻袋，置于25～30℃高温下，出芽又快又齐。

（6）变温催芽　浸种结束后将种子每天分别在28～30℃温度下放置12～18小时，在16～18℃温度条件下放置6～12小时，直至出芽。

52. 如何进行茄子常规催芽？

将经过浸泡的种子先在清水中搓洗，捞出后，沥干水分，然后用保水、透气性好的毛巾、纱布或麻袋片裹好。然后，将种子包放置在28～30℃的环境条件下。一般经过5～6天后，当有50％的种子刚刚露白时即可用于播种。

当温度不够时，发芽需要的时间延长；温度过高时，虽然种子的发芽速度加快，发芽需要的时间缩短，但种芽较细弱，不容易培育成壮苗，一般催芽期间的最高温度应不超过35℃，保持包内种子疏松，种皮湿润，透气性良好。种皮带水过多或附着的黏性物过多，透气性不良，容易引起烂种，一般要求每隔10～12小时用新鲜的温水投洗种子一遍，洗去种子表面上的黏液，然后晾去种皮上多余的水分或用干布擦干种皮上的水珠，包起种子继续催芽。

53. 变温催芽的目的是什么？如何进行茄子变温催芽？

变温催芽处理是利用大种芽对低温反应敏感、小种芽对低温反应不甚敏感的原理，用低温来减缓大种芽的生长速度，通过大种芽等小种芽来达到种子出芽整齐一致的目的。

茄子种子变温催芽的具体方法是，将浸种处理后的种子，每天白天放在28～30℃的温度条件下12～18小时，夜间放在16～18℃的温度条件下6～12小时，直至出芽。催芽期间每天用清水淘洗种子1～2次。

54. 茄子在催芽过程中容易出现哪些问题？其原因是什么？

由于茄子种子发芽比较困难，对催芽技术及条件要求较高，因此如果催芽技术不当，常会出现出芽不齐、不出芽或烂芽等现象。

（1）出芽不齐　一般是由于催芽过程中翻动次数少，甚至不翻动，因而种子上下受热和透气不均，导致出芽不齐。此外，没有采用变温催芽也易导致出芽不齐。

（2）不出芽　一般是催芽温度太低或投洗种子时没有沥干水分，种子间积水过多，导致种子因缺氧而无法发芽。如果种子浸种后没有搓掉表面黏液，种子发芽也会受到抑制。

（3）烂芽　如果催芽过程中，翻动和投洗种子的次数少，种子表面黏液未洗净而又积水较多，则易导致烂芽。

55. 胚芽锻炼的目的是什么？如何进行茄子胚芽低温锻炼？

胚芽锻炼在茄子催芽过程中并不是必须的。但是，低温锻炼对于提高茄子种胚的抗寒能力、提高种子出苗率和幼苗生长势与整齐度都有很好的效果，特别是苗床保温条件较差时，对于提高和改善种胚的抗寒能力效果明显。

为了提高茄子的抗寒能力，促进发芽，可在保护地冬春茬或早春茬栽培育苗时，将浸过种的种子放到0℃低温下处理1～2天，或0～2℃环境中5～7天，然后缓慢升温使其适应，再行催芽。

56. 茄子对育苗条件有什么要求？

茄子育苗要求做好包括苗床的温度、湿度、光照、土壤以及气体等条件的管理。对温度的要求是，白天25～28℃、夜间15～20℃。对湿度条件的要求是，经常半干半湿至湿润的土壤湿度和60%～70%的空气湿度。对光照条件的要求是中等以上的光照强度，尽量充足的光照时间。对土壤条件的要求是疏松透气良好，营养齐全，酸碱度中性。对环境气体条件的要求是，清新、无有害气体，二氧化碳含量适中。在适宜的育苗环境下，不仅种子出苗快，出苗率高，而且茄苗生长快，发育好，易于培育壮苗。

57. 茄子育苗时，苗床设置和苗床地的选择有什么要求？

在选择茄子育苗场地时，应考虑以下要求：

（1）育苗床要建在光照充足、不易积水并且地下水位较低、易于进行通风管理的地方　在光照不足、湿度较大又通风不良的地方育苗，茄苗容易长成“高脚苗”，也容易发生病害。

（2）育苗床的宽度要适宜　适宜的苗床宽为 1.2～1.5 米。苗床过宽不方便畦面管理，也不利于畦面的通风；苗床过窄，苗床占地较多，设施育苗时，设施的用量也相应增多，增加育苗费用，同时苗床的管理也较为费工。

（3）播种床与分苗床的面积搭配要合理　一般茄子分苗床的栽苗密度为每平方米 100 株左右，播种床的播种量为每平方米 4～5 克，可出苗 1 000 株左右。由此推算，播种床与分苗床的面积比以 1∶10 为宜。

（4）育苗床要靠近栽培田　以方便茄苗的运输，减轻运输过程中的失水萎蔫、叶片风干以及伤根等。

58. 适合茄子育苗的播种床有哪几种？

适合茄子的播种床大致可分为：露地床、冷床、温床和棚式苗床等。

（1）露地床　不加温，也不加覆盖物。常用于晚春延后栽培的育苗。

（2）冷床　冷床是利用日光加温的育苗床或栽培床，北方称“阳畦”，南方称“冷窖”。冷床靠日光加温，受外界气候变化的影响大，人工调节床温的能力较差，温度偏低，茄子秧苗的生长速度较慢，要适时早播，以延长茄子的生长期，保证茄子秧苗在定植时长到一定大小。在北方寒冷地区，冷床不宜作为播种床，但可以作为分苗床。

（3）温床　温床是在冷床的基础上增加人工加温，主要有电热温床和酿热温床。

（4）棚式苗床　指在大棚或日光温室等保护地内设置的苗床，不加温的为棚式冷床，加温的为棚式温床。棚式冷床利用大棚等比普通冷床保温性好，操作管理方便，抗御自然灾害能力强。大棚内可加设小棚，进一步提高保温性能。

59. 育苗温床有哪些类型？

温床主要有酿热温床和电热温床、烟道温床三种。

（1）酿热温床　酿热温床是利用微生物分解有机质即发酵时产生的热量加温，具有成本低廉且较实用等优点，但酿热温床有部分地区的酿热物的来源比较困难、装填需耗费许多劳动时间、温度不易调控等缺点。据测定，直播后填 30 厘米厚酿热物的温床，10～20 天内床土温度比冷床可提高 8～10℃。

（2）电热温床　电热温床是在冷床的基础上用电热线通电发热来提高苗床温度的苗床。具有设备简单、投资少、安装维修方便、可人工调温等优点，克服了冷床育苗的地温低、气温不稳定、成苗率低和酿热温床的温度不易调控等缺点，育苗时间缩短，茄子出苗快而齐，病害轻，秧苗素质好，有利于培育茄子壮苗。

（3）烟道温床　烟道温床是利用燃烧材料产生的高温火焰和烟气通过火炕或烟道直接加热育苗畦以保证育苗所需温度的温床。烟道温床的结构是在育苗畦底层铺设烟道，并与火炉相通，烟道上铺放 15～20 厘米的床土，其他结构与阳畦基本相同。烟道温床可以通过燃料燃烧的时间来调节苗床的温度，这种温床的温度一般比酿热温床高，易于人为控制。

60. 如何制作茄子育苗酿热温床？

制作茄子育苗酿热温床第一步是挖床坑。床坑的大小按育苗床的要求设置，深浅依育苗地区的温度状况确定，但原则上是四周深、中央浅；苗床温度低的地方深，温度高的地方浅。床坑的深浅决定着填入酿热物的厚度，也决定着苗床局部温度的高低。苗床床坑挖好后，在茄子播种前 10 天左右填酿热物。先在床底铺垫 4～5 厘米厚的碎草，以利通气和减少散热。然后，将新鲜的、尚未发酵的猪粪、马粪或牛粪等与秸秆、树叶等按 3∶1 的比例混合均匀后填入坑内，保持合适的碳/氮比，将酿热物铺平踏实后浇一遍人粪尿或猪粪尿，然后铺第二层，踏实后再浇粪肥并铺第三层，以增加酿热物中的细菌数和氮素营养，促进发热。酿热物在茄子苗床中央的厚度一般为 20～30 厘米左右。如果厚度不足 12 厘米，则产热量很少，加温效果不明显。酿热物不能过干或过湿，要有 10℃以上的初温条件，如果酿热物温度太低，细菌的活动受到抑制，则产热缓慢，难以达到育苗要求。

填完酿热物后白天应盖膜，夜间要加盖草帘保温，促使其发酵和发热。经 3～4 天发热后，铺一层约 10 厘米厚的一般床土，在其上每平方米浇 0.5～0.75 千克腐熟浓粪肥，为防治地下害虫，可撒施一些农药，然后再铺一层厚约 7 厘米的营养土，耙平畦面，踩实床内四周，以防止在浇底水时畦面局部下陷。在茄子播种前浇足底水，以湿透培养土为宜，不可大水漫灌，否则床温下降，通气状况恶化，会限制或终止细菌活动。

61. 如何制作茄子育苗电热温床？

电热温床是将电热线铺设在苗床内，通过电热加温来提高苗床内的土壤和空气温度。电热温床使用的电压为220伏，电热线要选择具有绝缘皮包的线，如果使用的是旧线，要仔细检查绝缘皮是否完好。一般是将苗床整平后，铺设地热线。布线前应把所需电热线的长度和布线的间距计算好，使电热线的两个接头恰好在电源的一边，以利于接线。在日光温室中建造电热温床，一般每平方米要求功率80～100瓦，因此要先计算苗床需用电热线的条数与布线距离：

温床面积＝额定功率÷功率密度

布线长度＝温床面积÷床宽

布线往返次数＝（电热线长度－床宽）÷床长

布线间距＝布线床宽÷（往返次数－1）

例如：若选用电热线功率为1 000瓦，线长150米，设计功率密度为80瓦/米^2，床宽1.5米，则可计算出以下布线参数：

温床面积＝1 000瓦÷80瓦/米^2＝12.5米^2

布线长度＝12.5米^2÷1.5米＝10.3米

布线往返次数＝（150米－1.5米）÷10.3米＝14.4（次）

布线间距＝1.5米÷（14.4－1）＝0.11米

布线间距视苗床所需温度而定，一般以11厘米间距为适，由于苗床中间温度较高，可适当稀一些，间距可达12厘米。苗床的边缘地带温度较低，应适当加密，布线间距以8厘米左右为宜。根据布线间距，在苗床的两端钉上小棍，用于绕线。布线时应注意松紧适度，布完线后要及时检查线路是否通畅，然后平铺1～2厘米厚的细土，踩实固定电热线。为了控制苗床温度，电热温床应有控制装置，一般选择带有感温探头的控温仪，将感温探头插入苗畦中或营养钵中，并调节温度指针在适宜的温度指标上，感温探头根据土壤温度指示电路的工作，以保证苗床的温度控制在适宜的范围之内。然后再铺上预先配制好的营养土8～10厘米厚，整平浇水后即可播种。

注意作业时不要铲断电热线，电热线和电源线间采用并联接法，严禁用串联连接。电热线应全部埋入土中，不能暴露在地表面。布线时如线有剩余，绝对不能切断，否则将会使电热线电阻减小，电流增高，发生危险；可以在床头往返盘绕埋入土中。电热线应防止交叉或死结，以防电热线烧断或扭破漏电。育苗完毕，要把电热线仔细取出，擦干净，晾干保存。一般可使用4～5年。

62. 茄子对苗床的营养土有何要求？

茄子对苗床环境条件要求比较严格。幼苗生长所需要的一切水分、养分、矿物质和盐类等都是从床土中吸收的。苗床中秧苗密度大、生长速度快，从床土中吸收水分和矿物质盐类的总量很大。优质的茄子苗床土应具备以下条件：

（1）土壤性质　土壤中性至微碱性，土质疏松，团粒结构良好，团粒内部保水性强，团粒结构之间空隙较大，容易透水和可容纳较多的空气，保证床土的保水性和透水性强，通气性良好。

（2）土壤肥力　有机质含量高，养分齐全，含量充足，能充分供应茄子在幼苗生长过程中必需的氮、磷、钾、钙、镁、铁等营养元素和微量元素。

（3）土壤卫生　土质清洁，不受污染，不带有病菌和虫卵，不含对茄子苗生长有害的成分。

用优质的苗床土育苗，茄子的根系发育好，生长较快，易于培育出壮苗，病虫害也轻，能促进茄子早开花，对早期产量有重要的影响。

若土壤瘠薄，营养元素供应不足，则茄子的幼苗生长发育受阻，从而造成僵苗、老苗，并易受冻害及病虫害侵入。床土携带病原菌，对茄子的幼苗生长发育不利。苗床连作或未经消毒或消毒不彻底都易诱发茄子猝倒病、立枯病和灰霉病等病害。

63. 如何进行茄子苗床营养土消毒？

茄子苗期许多病害如立枯病、猝倒病等都是通过土壤传播的，因此除了尽量避免使用带菌的田土外，还应对育苗床土进行消毒，以消灭床土中的病原菌和害虫，减轻苗期病虫害的发生。常用的床土消毒方法有：

（1）福尔马林消毒　用40%福尔马林200～300毫升加水25～30千克,喷洒1 000千克床土,拌匀后堆置,用塑料薄膜密封5～7天,然后揭开薄膜,待药味挥发后再使用,可防治猝倒病和立枯病及土壤中的害虫。

（2）代森铵消毒　用50%的代森铵200～400倍液,向厚10厘米的营养土每平方米喷洒2～4升稀释液。代森铵溶液的浓度依泥土的干湿情况而定,干的泥土浓度低些,湿的泥土浓度高些。

（3）401抗菌素剂或多菌灵或苯来特消毒　每平方米厚7～10厘米的床土,用4～5克401抗菌剂,或50%多菌灵或70%苯来特药剂,加水溶解后喷洒床土,拌和均匀。加水量依床土湿润情况而定,以充分发挥药效。苗床要充分通气后,才能进行播种或移植茄子苗。

（4）高锰酸钾消毒　对茄子苗期的猝倒病和立枯病等较有效，在茄子播种前用500倍液浇灌育苗土，浇透为止。

（5）高温消毒　在高温季节，营养土摊平在大棚内，厚10厘米为宜，再将大棚密闭1周以上。即可利用中午棚内的高温（最高可达60℃）消灭部分病菌和土壤中的害虫。也可向棚内通入高温蒸汽，将泥土加热到60～80℃（维持在30分钟以上），来杀灭多种土传病菌和土壤中的害虫。

64. 如何配制茄子播种床和分苗床的营养土？

床土对培育优质的茄子壮苗十分重要，一般茄子育苗营养土中的有机肥与田土的用量比应不低于4∶6。田土要从土壤酸碱度中性、无污染、最近4～5年内没有种过茄子、番茄以及辣椒的地块中挖取，土质以壤土最好。与肥料混拌前，先用铁锹将土块打碎，并用筛子筛出其内的石块、土块、杂物和杂草等，条件许可时，最好能摊开暴晒几天，熟化田土并消灭部分病菌和虫卵。有机肥应选用优质的猪粪、羊粪、马粪、鹿粪等，尽量不要选用鸡粪。在配制营养土前，有机肥至少应有1个月以上时间的腐熟期，使肥充分腐熟。

为确保营养土中的有效营养成分含量，在混拌肥土时，每立方米肥土中还应混入1 500克左右的复合肥或1 000克磷酸二氢钾、800克尿素。此外，每立方米营养土中还要加入150～200克的多菌灵或甲基托布津等杀菌剂以及150～200克的辛硫磷或敌百虫等杀虫剂，对营养土进行灭菌消毒，预防苗期病虫害。

田土、粪肥以及化肥、农药等要充分混拌均匀。混好后的营养土不要急于用来育苗，要先培成堆，上用塑料薄膜捂盖严实，让农药在土堆内充分挥发和扩散，对土堆内的病菌和害虫进行灭杀。捂盖时间应不短于1周。

65. 茄子苗床装填营养土时应注意什么问题？

苗床装填营养土时，应注意厚度适宜，均匀一致，床面平整，松紧适度。茄子苗龄较长，幼苗在营养土中生长时期长，床土不能太薄。

茄子播种床营养土厚度一般以3～5厘米为宜，装入床土后拍实，并将床面刮平。如果床土太薄，幼苗生长后期根系扎入营养土下的土层中，分苗时伤根重，不利于缓苗。如果床面不平，浇水就不均匀，影响以后幼苗生长，水多的地方幼苗易徒长；水少的地方易缺水而抑制幼苗生长，最终造成幼苗生长不均匀，苗床管理难度大。

茄子分苗一般用营养钵分苗，要求苗钵高度不低于8～10厘米，装钵高度和营养土高度均匀一致、平整。

66. 如何确定茄子苗床播种量？

茄子的播种量要适当，播种量不足，出苗稀少，浪费苗床，增加育苗成本；播种量过大，单位面积上出苗过多，不仅浪费种子，而且增加了间苗用工；若不及时间苗则易造成茄苗徒长，不利于培育壮苗。

茄子播种量的多少还要考虑种子的发芽率、净度和成苗率的高低。一般情况下，在育苗床内种子发芽率远比发芽试验的数值要低，而且发芽的种子也不一定都能出苗，在条件适宜时成苗率可达80%～90%以上，在温度不适宜的情况下往往不到50%，这些情况在计算播种量时一定要考虑到。通常计算播种量利用下列公式：

播种量（克/米^2）＝每平方米株数÷每克种子粒数×发芽率×净度（%）×成苗率（%）

茄子生产中，一般种植单位面积的茄子需种量为每667米^{2}25～30克。在育苗过程中可能遇到意想不到的损失，所以当育苗条件较差时，或采用密植栽培时，种子用量还需增加，可达每667米^{2}40～50克。每平方米苗床面积的播种量，与移植早晚有关，在花芽分化前，2～3片真叶时移植，每平方米苗床播种量为40～50克；在4～5片真叶时移植，每平方米播种量不宜超过20克。

67. 茄子寒冷季节保护地育苗，苗床播种应如何进行？

茄子寒冷季节育苗时，播种应选择无风、晴天的中午进行。

播种操作程序包括以下几个步骤：

（1）浇底水　苗床在播种前一天或当天早晨，先将育苗床浇足底水，以供种子发芽出苗。浇足底水的标准是要求 8～10 厘米内的土层都已经充分湿润，这样的水量可维持到出苗前不必浇水。如果水量过大，会使地温下降太多，土壤里空气缺乏，造成出苗慢，幼苗出土后子叶发黄，根系发育不良，易于出现锈病根或沤根现象，还常引起猝倒病的发生。如果浇水量过小，由于土壤干燥会影响种子发芽出苗，甚至使已发芽的种子死芽；即使幼苗出土，其子叶也小而短，幼茎短小，生长慢，必须浇水补救，但再次浇水易引起幼苗徒长和降低地温。因此，必须准确掌握浇水量。

（2）撒底土　当底水全部渗下去后，可在床面上轻撒一薄层过筛的细干营养土，其目的一是可使浇水冲刷后的床面保持平整；二是防止种子外层裹上泥浆，影响呼吸和透气。

（3）撒籽　即把种子均匀地撒播在床面上。由于茄子种子较湿时，很多种子易于粘连在一起，难以做到播种均匀，为此，可先把种子掺上些过筛的草木灰，或细土、细沙。对于大多数技术不太熟练的人来说，把种子分两次撒入苗床会更均匀一些。

（4）覆土　当苗床撒籽后，上面再覆盖厚为 1.5～2 厘米的细营养土。覆土的主要作用是保护种子的幼芽，使幼芽周围有充足的水分、空气和适宜的温度，不至于风干、日晒致死。覆土还有助于子叶脱壳出苗，并要求全床厚度一致。覆土过薄，可使空气渗入，温度升高得快，但是水分蒸发也快，土壤易干燥，子叶易带壳出土，俗称“带帽”，影响幼苗生长；覆土过厚，种子周围的水分容易保持，但是空气渗入减少，温度升高缓慢，不利于种子出苗。

（5）苗床覆盖　覆土后苗床上再盖一层地膜，可起到保温保湿的作用。如果苗床地温较高，播前浇水量又充足的话，则不宜铺盖地膜。采用改良阳畦育苗时，播种后要及时将塑料薄膜盖好压严。采用温室育苗时，虽然温度较高，但最好也要加盖小拱棚，目的在于保持土面湿润，防止板结。

68. 茄子寒冷季节保护地育苗，从播种到出苗这一阶段苗床应如何管理？

从播种到出苗阶段的管理，关键是温度管理。茄子出苗的适温是白天25～30℃，夜间20～22℃，床土温度16～20℃。温度适宜时，5～6天即可出苗；但若温度低时，出苗期可长达20多天。所以茄子播种后应覆盖压严棚膜，也可以贴床面加盖地膜，待开始出苗时再撤出。备有不透明覆盖保温设施如草苫、棉被等的，要适时揭盖。有加温设施的，要充分利用起来，无加温设施的，可采用临时的加温手段，千方百计地保证有较适宜的床温，以利适时早出苗。

这一阶段苗床管理应注意3个问题，一是播后很长时间不见出苗，用两手指用力捏种子发现仍坚实饱满，证明种子没有坏，又确认不是缺水等其他原因时，说明是温度低，不要轻易毁种，因为一般情况下种子不易坏，只要设法提高温度仍然可以出齐苗。二是种子开始拱土后，在床面上筛撒一薄层细湿土，以利保墒和防止幼苗“带帽”出土。三是在幼芽拱出地面时应注意及时见光，加强光照管理。在幼芽拱出地面前，温床（有加温设施的）育苗，或以苗床保温为主时，苗床可以昼夜不见光。但是，从大多数幼芽拱出地面时开始，苗床应及时见光，以防幼芽徒长；在夜间则应适当降低温度，以利培养健壮茄苗。

69. 茄子子叶“带帽”的原因有哪些？出现子叶“带帽”后怎么办？

苗床内出现子叶“带帽”的主要原因是播种过浅，或畦面表土过于干燥所致。另外，用成熟度较差以及陈种子播种时，由于种子的脱种壳的能力比较弱，也容易带壳出土。

苗床内出现子叶“带帽”时，首先要分析出现的原因，而后采取合理的措施。如果是由于播种深度不够引起种苗带壳出土，应在种苗的出土始期，向畦面均匀撒盖一层湿细土，撒土厚 0.5 厘米左右，帮助种苗脱壳，并增加床内空气湿度；如果是由于种子原因而导致种子带壳出苗，就应在上午幼苗刚出土时，趁种壳湿润柔软时，用手或细枝条轻轻摘掉种壳；如果是由于表土干燥引起种苗“带帽”出土，应在种苗刚出土时，将畦面撒一层细湿土帮助种子脱壳，或用喷雾器均匀喷洒一遍水，而后再覆盖一层土保湿防板结。

70. 茄子寒冷季节保护地育苗，从出苗到分苗这一阶段应该怎样进行管理？

这个阶段是指子叶完全展开到幼苗长出 2～3 片真叶、直至适宜分苗前的一段时期。此阶段管理的主要任务是防止徒长形成高脚苗，保证苗齐苗壮。需要采取的措施包括合理地调节床温、湿度，及时间苗、覆土，增加光照等。幼苗子叶充分展开后，要适当降低苗床温度，白天保持在 20～25℃，夜间 15～18℃。遇到晴好天气，尤其是采用温床或温室育苗时，应适当通风降温，同时降低空气湿度，防止苗期病害如猝倒病、立枯病等的发生，增强幼苗的抗寒性，为分苗做准备。通风时通风口要由小到大，时间逐渐延长，避免通风过急造成“闪苗”。草苫要早揭晚盖，尽量延长光照时间，使幼苗充分进行光合作用，制造更多的营养物质。遇阴天，苗床可不进行通风，但也应将草苫揭开，增加苗床内的散射光，不能只求保温不揭苫见光，因为在弱光高湿条件下，最易发生病害。为防止幼苗生长过分拥挤，改善光照条件，当幼苗真叶显露（俗称“破心”）时，须及时间苗。间苗时注意淘汰小苗、弱苗和畸形苗，留苗距离以相互不拥挤、不遮荫为准。间苗后要及时撒盖一层细土弥缝。

71. 茄子齐苗阶段容易发生哪些问题？其原因是什么？

茄子齐苗阶段容易发生的问题主要有：形成“高脚苗”、幼苗出土后子叶迟迟不变大、子叶卷曲以及发病死苗等。

一般来讲，茄子不容易发生“高脚苗”，但如果苗床内茄苗过于拥挤，光照不足，以及苗床长时间湿度偏大、温度偏高时，则也能形成“高脚苗”。低温期形成“高脚苗”主要是由于苗床内的光照不足所致；高温期形成“高脚苗”则主要是由于苗床内的温度和湿度过高所致。

茄子幼苗出土后，子叶迟迟不伸展的可能原因：一是使用了陈种子；二是苗床的土壤湿度偏低，幼苗水分供应不足，子叶生长明显变慢所致；三是育苗土配制不当，育苗土中的用肥量过多，发生了烧根，或用药不当，发生了药害；四是叶面喷药或喷施叶面肥的浓度过高，烧伤了子叶；五是苗床内的温度长时间偏低，子叶生长势变弱所致。

茄苗子叶发生卷曲多见于水分供应不足，以及高温期苗床光照过强、温度过高或喷药后的苗床，主要是由于苗床干旱、干燥，或强光、高温以及药害所致。另外，用陈种子播种也容易发生子叶卷曲现象。

茄子齐苗阶段容易发生的病害主要有猝倒病和立枯病，一般真叶长出前较容易发生猝倒病，真叶长出后较少发生猝倒病，但立枯病相应增多。茄子齐苗阶段较容易发生病害的主要原因，一是这时幼苗体内的营养供应不良，生长势比较弱，加之各器官组织尚较幼嫩，抵抗力也比较差等；二是此阶段的幼苗根系较小，吸水能力比较弱，必须保持床土湿润，并维持相对较高的空气湿度，而这些条件又容易诱发病害。

72. 茄子为何要分苗?

茄子苗龄长，由于小苗只需要较小的生长空间，而大苗必须较大的生长空间，所以茄子苗床一般分为播种床和分苗床。小苗在播种床内较高的密度下生长，大苗在分苗床内以较小的密度生长。在茄子播种床，随着秧苗的不断长大，苗间的距离已不能适应秧苗继续生长的需要，为了防止拥挤，需要把秧苗移植到新设置的分苗床中，这一措施称为分苗或假植，也称移植。

分苗的目的在于扩大营养面积，改进光照条件，有利于保持适当的温度、湿度，减少病虫害发生。另外幼苗主根受到伤害后，会促进侧根发育，增加根群，有利于培育壮苗。

73. 茄子如何分苗?

茄子分苗的具体方法因分苗容器的不同而异，具体有以下方法：

（1）塑料钵分苗　把营养土装入塑料钵内，但不宜装满，上口留出 2～3 厘米空隙以便于浇水。塑料钵有各种规格型号，茄子分苗一般用上口径 10 厘米、高 10 厘米、下口径 8 厘米规格的较为合适。塑料钵底部有圆孔，用于排水，塑料钵有固定形状，便于移动，较耐用，装营养土方便，但成本稍高。塑料钵分苗时，先浇透水，待水渗下后，用手持一苗，拇指和食指夹住苗茎，中指摁住苗的根茎部，将苗摁入苗钵中央的泥土中，顺势填入泥土或营养土并压实根部即可。

（2）纸筒分苗　纸筒一般直径为 10 厘米。取口径约 10 厘米的罐头筒，将旧报纸或废牛皮纸裁成 35 厘米×17 厘米的纸条备用。将营养土装入罐头筒内，用报纸条对齐筒的下端后绕筒身裹起来，报纸条高出筒上端 5 厘米左右，齐筒沿向内折封住筒口，侧转后拔出罐头筒就成了。在苗床内摆放时各纸筒都要相互挤紧，以免纸筒散开。用纸筒分苗成本较低。纸筒分苗的具体做法同塑料钵。

(3) 无底塑料薄膜分苗　用直径 8～10 厘米的筒状塑料薄膜，剪成 8～10 厘米长，装入营养土，在苗床内码放整齐。它成本低，购买方便，但由于塑料薄膜较薄，没有固定形状，装营养土较困难，操作费工。

(4) 营养土方分苗　制作营养土方有两种方法，一是和泥制营养土方。在分苗当天，将营养土掺水和成泥，在整好的畦底先铺一层细沙或灰渣，作为隔离层。再将和好的泥平铺在畦内，厚约 10 厘米，表面用木板抹平，再切成 10 厘米见方的泥块，在每一泥块的正中用细棍戳一小穴，将茄子苗栽入穴内。最好是随栽随做。二是干制营养土方。将整平的畦踩实，铺一层细沙或炉灰或草木灰，再铺一层营养土，厚约 10 厘米，踏实，耧平。分苗前灌水，水渗下去后切成 10 厘米见方的土块，用木棍在每块中央戳一小穴，茄子苗栽入穴内。

分苗的最好时期是在幼苗花芽分化前。栽苗前一定要浇水，挖苗时要注意少伤根，栽植时要使根系在土壤中舒展，栽植深度以比幼苗原来生长深度略深即可，子叶一定要在地表上，底水要浇透，上面还可覆盖一层营养土。

74. 茄子分苗过程中应注意哪些问题？

茄苗根系容易老化，生根能力不强，分苗过程中如果不注意保护根系，伤根较多，栽苗后，不仅缓苗期延长，而且茄苗落叶、黄叶也相对比较严重，不利于培育壮苗。保护根系的主要措施有：

(1) 带土起苗　在起苗时尽量多带土。

(2) 分苗过程中，保持土块完整　起苗前应将苗床浇水湿润，严禁床土尚干时起苗。起苗前将床土浇湿的主要目的是防止起苗时，土块破碎，造成茄苗大量露根。但起苗时苗畦内的土壤湿度也不可过大，以免发生糊根。在搬运茄苗过程中要轻拿轻放，保持土块完整。

（3）要及时栽苗，防止根系风干 每次的起苗量不宜过多，并且要随起苗随栽入分苗床，起出的苗不能及时栽苗时要用塑料薄膜或湿布等覆盖保湿。

75. 茄子寒冷季节育苗，分苗后缓苗阶段苗床应如何管理？

在分苗后6～7天的缓苗期内，一般不通风，并要尽量采取增温保温措施，必要时还要适当加温。白天应保持25～30℃，夜间保持20℃左右。草苫要晚揭早盖，遇天气晴好时，为防止中午前后床内温度过高，应适当遮荫，以控制苗床温度。此时如床内温度过高，切忌通风，以免根系未恢复前，蒸腾量太大，引起幼苗失水萎蔫或枯干。缓苗阶段在有温度保证的前提下，一般应弱光管理，不宜光线太强。同时，应维持高湿度管理，防止空气干燥。

缓苗阶段结束的苗态特征是，心叶开始生长，其叶色由深绿转为浅绿色。缓苗后即进入正常管理。

76. 茄子寒冷季节保护地育苗，成苗期苗床应如何管理？

缓苗后，苗床管理分为刚缓苗后、封行后和定植前3个阶段进行。

刚缓苗后，因幼苗生长空间大，不易徒长，苗床管理以促为主。白天气温应保持25～30℃，夜温15～20℃。刚缓苗后，苗床管理要注意充分利用光照，温度高时应放风降温。放风时，风量由小到大，以免造成闪苗。除温度偏高管理外，还应充分利用光照。

当幼苗生长封行后，苗床温度管理进入促控结合阶段。白天应维持较高的温度，温度25～28℃为宜，夜间维持较低的温度，以15～17℃为宜，加大昼夜温差。同时，白天应加强通风排湿，尽量增加光照强度并延长光照时间。地温保持不低于15℃，适当控制水分，不旱不浇水。若需浇水时，应在晴天上午用喷壶洒水，浇后及时放风排湿，并及时中耕，防止板结。中耕深度以2～3厘米为宜。如果幼苗出现缺肥现象，可结合浇水，叶面喷施0.3%～0.5%的磷酸二氢钾或尿素的水溶液。

在定植前7～10天左右，要开始进行秧苗炼苗，逐步加大放风量，降低苗床温度。到定植前3天，如果没有霜冻天气，夜里也可以将苗床上的覆盖物全部揭开。此时，白天保持20～22℃，夜间15℃左右，低温13℃以上，早晨最低温8～10℃即可，但同时要注意防冻。

77. 茄子露地育苗的技术要点是什么？

露地越夏栽培的茄子播种期，以在高温到来之前植株已开始旺盛生长，并能为地面遮荫时为宜。茄子育苗时期一般在3月下旬至4月下旬播种，因温度回升，育苗比较容易，以腐熟的堆厩肥为底肥。茄子苗床可临时搭，或播于大棚内，以防雨和防太阳暴晒。可直接播种于苗床或穴盘中，5～6天后出齐苗，于一叶一心时分苗假植至营养方或营养钵中。苗距要宽，注意控水，防止茄子的幼苗细弱徒长。

定植前做好炼苗，让茄子苗在自然光照下进行生长，茄苗不发生萎蔫时不遮荫，减少浇水，使床土保持半干燥状态；对生长过旺的茄苗适量地喷施矮壮素、助壮素等，减缓生长，促使茄子叶片增厚、茎秆变粗，增强茄苗的耐高温、耐强光以及耐干旱能力。6月中下旬至7月上旬定植茄子。

78. 茄子壮苗应该具有哪些特征？

健壮的茄子苗，生长快，生活力强，对病虫害的抗病性强，适应栽培环境能力强，定植后活棵快，花数多，结果多，果实膨大快，因而可以获得早熟丰产，是取得较高经济效益的前提。茄子壮苗的特征是：

（1）长势　茄子播种后出苗快，一般来说4天出苗，7天齐苗，生长旺盛，吸收力强，发棵快，花芽分化早而好，根系活力强，无病虫害，对环境适应性和抗逆性强，成活率高。

（2）长相　茄子的叶片完整，大小适中，子叶肥厚，真叶肥大，伸展良好，不卷曲，叶片浓绿有光泽，子叶和下部叶片不过早脱落和变黄，具有6～8片叶；茄子的生长点大而饱满，茎秆粗壮、节间较短，色深而有光泽，粗细变化自然。根系发达，侧根较多，根色自然。门茄花蕾大而饱满，不畸形。

（3）整齐度　茄子的出苗和生长整齐，不缺苗。

79. 育苗过程中如何防止茄子秧苗徒长？

避免茄子秧苗徒长应从以下几个方面采取措施：

（1）确定浇水量　根据育苗季节确定苗畦的浇水量，避免浇水后苗畦内长时间保持较高的土壤湿度。一般情况下，低温期苗畦的温度偏低，失水较慢，应少浇水；高温期苗畦失水较快，畦土易变干，可适当多浇水。

（2）保持苗床内充足的光照　充足的光照能够抑制幼苗的旺长，特别是紫外线含量较多的自然光照，对抑制茄苗下胚轴的伸长、防止徒长更为重要。因此，齐苗阶段在保证苗床内温度需要的前提下，应及早揭掉苗床的各种保温覆盖物，尽量延长苗床的自然光照时间。同时，对由于播种不均匀或播种量过大而造成幼苗密集、床面光照不足的苗床或地方，应及早疏去多余的茄苗，保持茄苗间合理的苗距。

（3）适当降低苗床的温度　当苗床内约有半数的幼苗出土后，要把苗床白天的温度降低到 25℃左右，夜间的温度不要超过 15℃。

（4）激素处理　分苗前用 250 毫克/升乙烯利（40%乙烯利 1 毫升对水 1.6 千克），或用 2 000～5 000 毫克/升的比久喷洒植株，有利于防止幼苗徒长。

80. 如何应用植物生长调节剂提高茄子秧苗质量？

植物生长调节剂是人工合成的、与天然植物激素有类似分子结构的生理活性物质，对作物具有调节生长发育的功能。蔬菜育苗中常用的有赤霉素、矮壮素、比久、多效唑、生根粉、萘乙酸、吲哚乙酸、乙烯利及油菜素内酯等。其中，矮壮素、比久、多效唑等常用于防止幼苗徒长，提高秧苗质量。

防止茄子分苗前徒长，可用上述方法喷乙烯利。也可苗期喷施矮壮素（50%水剂）20～50 微升/升，每平方米喷施 1 千克左右，可有效控制徒长。如果发现幼苗有老化现象，可喷施 10～30 微升/升的赤霉素，每平方米喷 100 克左右，能有效地促使幼苗转入正常生长。

81. 育苗过程中如何防止茄子发生僵苗现象？

僵苗现象是茄子冬季育苗中经常遇到的问题，尤其是在阳畦育苗中更易发生幼苗僵化现象。僵苗的特征是，茎细而软，叶片小而黄，根少色暗，定植后不易发生新根，生长慢，生育期延迟，开花结果晚，结果期短，容易衰老。

造成幼苗僵化的主要原因包括温度低、光照弱。当苗床土壤长期出现水分亏缺时也会出现幼苗僵化。一旦发生幼苗僵化现象，首先要给幼苗以适宜的温度和水分条件，促使秧苗正常生长。如果采用阳畦育苗，要尽量提高苗床的气温和地温，适当的浇水和保温。此外，还可对僵化苗喷 10～30 毫克/千克的赤霉素，每平方米用稀释的药液 100 克左右，喷后约 7 天开始见效，有显著的刺激生长作用。

82. 茄子育苗过程中为什么会发生沤根和烧根现象？如何防止？

沤根和烧根是茄子育苗中较常发生的由土壤障碍引起的幼苗生长障碍。沤根主要是由于土壤长期高湿度造成的；烧根主要是由于土壤养分离子浓度过高引起的，多由于营养土中加入了过多的化肥。

茄子夏季育苗时，沤根的原因一是由于苗床土壤水分经常处于饱和状态，湿度过大，使得土壤透气性差，造成根系易沤烂，地上部停止发育，叶灰绿色，逐渐变黄。冬季育苗时，当土壤温度过低、湿度过大、且持续时间较长时，造成根系生理活动减弱或停止，而造成沤根。此时，地上部叶片经常会伴随着出现易于萎蔫、叶色变黄、叶缘干枯等症状，严重时造成基部叶片脱落。一旦发生沤根，应及时通风排湿或撒干土吸湿，或松土增加土壤蒸发量。

烧根是由于床土肥料过多、土壤溶液浓度过大所致。烧根后幼苗根系很弱，色黄，地上部叶片小，叶面发皱，叶缘焦黄，植株矮小。发生幼苗烧根后，补救措施是及时向苗床浇水。

83. 茄子嫁接育苗的目的是什么?

茄子嫁接主要有以下目的:

(1) 提高茄子根系抗土传性病害的能力　随着温室大棚茄子生产面积的不断扩大，土传性病害发生与否及其严重程度已经成为影响茄子栽培的重要因素，如黄萎病。而采用嫁接育苗栽培时，只要砧木选择得当，则可有效地避免和减轻土传病害的发生，因而对于克服连作障碍具有重要意义。

(2) 提高植株长势　由于砧木比普通栽培茄子品种的根系发达，因而，嫁接育苗栽培时，植株根系发育状况明显改善，吸收水肥能力提高，使得植株长势明显增强，植株高度和叶面积明显增加，对土壤环境条件的适应性也有所提高。

(3) 提高根系的抗逆能力　由于茄子嫁接后，根系发育状况明显改善，使得根系对于高温、干旱、高湿等不良土壤环境条件的抗性明显提高。

(4) 提高产量　由于上述嫁接效果，综合反映在产量上，使得嫁接茄子栽培具有始收期提早、采收期延长的特点，而且早期产量和总产量也有所增加。

84. 茄子对嫁接砧木有何要求?

茄子嫁接育苗对砧木主要有以下几方面要求:

(1) 与栽培茄子的嫁接亲和性强　嫁接亲和性决定着嫁接后伤口愈合的速度和效果，因此直接影响到茄苗嫁接成活率的高低。一般，嫁接亲和性越强，嫁接苗成活率越高。

(2) 与栽培茄子的共生亲和性强且稳定　共生亲和性是嫁接茄子接穗与砧木共同协调生长发育的特性，取决于二者一系列生理代谢的协调过程。强且稳定的共生亲和性是保证栽培过程中，栽培茄子不发生萎黄、脱落、死亡的关键，也是确保不良环境下能够正常生长的关键。

（3）抗病能力要强　要求所选茄子砧木品种，高抗茄子黄萎病、青枯病、根腐病、线虫病等土壤传播病害。

（4）耐低温和高温的能力要强　茄子自身的耐低温能力比较弱，低温期栽培茄子，要求所选砧木应具有一定的耐低温能力，以增强低温期栽培茄子的生长势。高温期栽培茄子，要求所选砧木具有较强的耐高温能力，防止高温期砧木根系受害，引起植株早衰、死亡。

（5）对果实品质无不良影响或影响极小　要求嫁接后，不改变果实的风味、果形，不出现异味和畸形果。

85. 茄子常用的嫁接砧木有哪些？各种砧木的主要特性是什么？

茄子常用的嫁接砧木主要有以下几个品种：

（1）托鲁巴姆　该砧木属于野生茄类型。主要特点是，与茄子的嫁接亲和性较强；对茄子的生长势提高较明显；对茄子的黄萎病、青枯病、根线虫病和根腐病的抗性也较其他砧木强，耐热和耐寒的能力也较强。弱点是该砧种子的发芽期较长，嫁接苗初期的生长较缓慢，结果较晚，早期产量较低，中后期生长势较强，产量较高，另外该砧木的嫁接苗较易发生叶枯病。

（2）耐病 VF　该砧木属种间杂交茄，与茄子的嫁接亲和性较强，对茄子黄萎病和根腐病的抗性较好，但对茄子的青枯病和根结线虫病抗性一般。

（3）密特　该砧木属于种间杂交茄类型，与茄子的嫁接亲和性较好。对茄子黄萎病和青枯病的抗性较强，耐热，嫁接植株生长势强，结果早，早期的产量较高，丰产性能也较好。

（4）红茄　该砧木属于野生茄类型，与茄子的嫁接亲和性较好，对茄子的生长势影响不明显，不会引起嫁接茄子旺长，对茄子的青枯病、根线虫病和根腐病的抗性较强，也较耐热，但对茄子黄萎病的抗性中等，耐寒能力也一般。

(5) 抗重 5 号　该品种来自山东潍坊市农业科学研究院蔬菜研究所，高抗茄子青枯病、黄萎病，嫁接植株长势强，增产效果明显。

(6) CRP　CRP 能同时抗多种茄子土壤传染病害（如茄子黄萎病、枯萎病、青枯病、线虫病等）。

86. 茄子嫁接育苗中怎样确定砧木和接穗的播种期？

为了使砧木和接穗的最适嫁接期协调一致，应从播种期上进行调整。播种期的确定与所采用的嫁接方法有密切的关系。茄子常用的嫁接方法主要有劈接法和斜切接法，这两种方法对砧木和接穗的大小与粗细的要求基本一致，即这两种方法对适宜嫁接期的要求基本一致。这样的话，播种期的确定主要取决于砧木生长的快慢，由于不同茄子生长特性不同，其生长速度特别是苗期差别很大。红茄和耐病 VF 的生长速度基本接近普通茄子，所以提早播种的时间较短（分别为 7 天和 3 天）。如采用托鲁巴姆或 CRP，则需比接穗提早很长一段时间（托鲁巴姆提早 25～30 天，CRP 提早 20～25 天），其主要原因是苗期生长速度慢，加之茎细。

87. 砧木茄子种子在播前应如何进行处理？

砧木茄子野生性较强，特别是托鲁巴姆，由于采种时间早晚、果实成熟及后熟时间上的不同，种子的休眠性差别较大。对休眠性较强的砧木种子在催芽前用赤霉素处理，用以打破休眠。一般是用 100～200 毫升/升浓度的赤霉素浸泡 24 小时，赤霉素处理时应放在 20～30℃温度条件下，如果温度低，效果较差。注意赤霉素的浓度不要过高，否则出芽后易徒长。处理后种子一定要用清水洗净，在变温条件下进行催芽，可促进发芽。休眠程度轻的种子不用进行任何处理，可直接浸种催芽。一般需 12～14 天才能发芽，较正常的茄子出芽时间长。催芽期间，每天要投洗种子一次，使种子湿润、透气、温度均匀，出芽后可适当降低温度。

对于易发芽的砧木如红茄、耐病 VF，直接进行温汤浸种，即用 55℃热水浸种 30 分钟，注意搅拌。然后用 20～30℃清水浸泡 12～14 小时，在 25～30℃条件下催芽，7 天左右可以出芽，若采用每天 16 小时 30℃和 8 小时 20℃变温催芽，整齐度明显提高。

88. 怎样确定茄子适宜的嫁接时间？

茄子嫁接的适宜时期主要取决于茎的粗度，当砧木茎粗达 0.4～0.5 厘米时为嫁接的适宜时期。过早的话，茎细、节间又短，不便操作，影响嫁接效果；过晚，植株的木质化程度高，影响嫁接成活率。茄子嫁接部位一般是在第二至四片真叶的节间，应注意该部位的茎粗度与节间长度的变化。多数砧木品种在幼苗长到 5～6 片真叶时，为嫁接的适宜苗龄。

89. 茄子苗期嫁接的方法有哪些？各种方法嫁接育苗的技术要点是什么？

（1）劈接法　劈接法是在砧木长到 6～8 片真叶、接穗长到 5～7 片真叶时，将砧木置于嫁接操作台上，保留 2 片真叶，用刀片平切，去除其余部分，在茎中垂直竖切 1.2 厘米深的切口；拔出接穗幼苗，保留 2～3 片真叶，切掉下部，并削成与砧木切口相当的楔形，随即插入砧木切口，仔细对齐，用嫁接夹固定。

（2）斜切接法　斜切接法的嫁接苗龄与劈接法相同，嫁接时砧木保留 2 片真叶，接穗形成一个和砧木面积、形状相同而方向相反的平面，把砧木和接穗的面对齐贴紧，用特制的嫁接夹固定。

（3）插接法　插接法是用竹签或金属签在砧木苗茎的顶端或上部插孔，把削好的茄子茎插入插孔内而组成一株嫁接苗的嫁接方法。根据茄苗穗在砧木苗茎上的插接位置不同，插接法又分为顶端插接和上部插接两种形式。

（4）贴接法　贴接法也叫贴芽接法。该嫁接法是把茄苗切去根部，只保留一小段下胚轴，或者是从一段枝蔓上以腋芽为单位切取枝段，用刀片把砧木苗从顶端斜削一切面后，把茄苗穗或枝段的切面贴接到砧木的切面上，固定后形成嫁接苗。

（5）对接法　对接法是把砧木和茄子的苗茎从要结合的部位水平切断，而后用一连接柱插入茄子和砧木的苗茎内，使茄子与砧木的苗茎切面对紧、对齐，形成嫁接苗。

（6）套管嫁接法　茄子套管嫁接法是近年来在日本兴起的一种新型茄子嫁接法。该嫁接法采取贴接法操作程序进行起苗与苗茎削切，嫁接部位不用嫁接夹固定，而是用一茄子专用、长 1.2～1.5 厘米、两端为平行斜面形的 C 形塑料管套住，借助塑料管的张力，使茄苗与砧木的接面紧密贴合。随着嫁接苗长大，苗茎加粗，塑料管的开口也逐渐变大，最后脱落。

90. 茄子嫁接育苗时注意事项有哪些？

茄子嫁接育苗时应注意以下问题：

（1）适宜的嫁接环境　嫁接时需要有适宜的环境，最适宜的环境条件是不受阳光直接照射，以避免阳光照到茄苗、砧木苗和嫁接苗上后，加速秧苗失水而导致萎蔫。适宜的气温为 25～

30℃，温度过低不利于嫁接苗的接口愈合，温度过高极易造成嫁接苗失水萎蔫，降低成活率。适宜的空气相对湿度为80%以上，一般最好在温室或大棚里遮荫进行。

（2）嫁接刀刃须锐利　嫁接时使用的剃须刀必须是锐利的，刀片发钝时，切口不整齐也不平滑，对成活有影响，所以要保证刀片锐利，一般每面刀刃以嫁接150株左右为宜。

（3）清除病苗　嫁接时使用的器具和操作人员的手，最容易传播病害。嫁接1株感病的苗，凡是接触过这株病苗的刀具和手，都可能感染上病菌，把病菌带到以后嫁接的苗上。因此，嫁接前要注意发现和剔除病苗是非常重要的。

（4）随时消毒　嫁接时使用的器具和操作人员的手，要在嫁接过程中多次用酒精或高锰酸钾溶液消毒，但消毒后的刀片必须干后才可再用，否则切口沾水或药液后愈合很困难。操作场所和操作人员的衣服也须保持清洁。

（5）防止病菌感染接穗　嫁接一般只能达到防止病菌从砧木的根部和根茎部入侵的效果，并不能阻止病菌侵染接穗。所以嫁接时也应注意防止病菌感染接穗部分。一是嫁接的部位在嫁接时及嫁接以后一定要保持清洁，因与土壤或水接触后，极易受污染，感染病菌，也容易诱发接穗发生自生根，所以嫁接时须特别注意不能使其沾上水和泥土。二是嫁接苗不要栽得过深，培土时也要注意，防止接穗生根。三是防止整枝、摘心和其他田间操作时交叉传染病菌。

91. 茄子嫁接后应如何管理嫁接苗?

茄子嫁接后，不同时期嫁接苗管理的技术要求不同，应注意区别管理。

（1）接口愈合期的管理　茄子接口愈合期一般为9～10天，接口愈合的适宜温度为白天25～26℃，夜间20～22℃。低于

20℃或高于30℃均不利于接口愈合，并影响成活。在温度低的季节嫁接，除搭建小拱棚外，最好再采用电热线加温；高温季节嫁接，要采取搭荫棚等方法进行遮荫降温。茄子嫁接多为断根接法，其成活率与空气湿度关系极为密切，嫁接后1周内空气相对湿度要求达到95%以上。嫁接完后要用喷壶等在苗上洒水，并且小拱棚内要充分浇水，盖严小拱棚，6～7天内不进行通风。6～7天后可揭开小拱棚底脚，少量通风，9～10天后逐渐增加通风时间与通风量，但仍应保持较高的空气湿度，每天中午喷雾1～2次，直至完全成活，才转入正常的湿度管理。嫁接后需在小拱棚上覆盖草帘、纸被或报纸等进行短时间的遮光，避免阳光直射幼苗，引起接穗萎蔫。嫁接后的3～4天要全部遮光，以后半遮光（两侧见光），逐渐撤掉覆盖物及小拱棚薄膜，10天以后恢复正常管理。如遇阴雨天可不用遮光。注意不能遮光过度或时间过长，否则会影响嫁接苗的生长。

（2）接口愈合后的苗期管理

①摘除砧木萌叶：由于嫁接时切除了砧木的生长点，这样会促进砧木侧芽萌发，特别是经过一段高温、高湿、遮光的管理，侧芽生长很快，如果不及时去掉，很快长成新叶，直接影响接穗的生长发育。所以在接口愈合后，应马上摘除砧木萌叶，去除干净彻底。

②分级管理：由于嫁接时砧木的粗细、大小不一致，以及接穗去留叶片数的不同，成活后秧苗的大小和质量也会有一定差别，须进行分级管理。将接口愈合牢固、恢复生长较快的大苗放到一起，把愈合不良、生长较慢的小苗放在温度、光照条件好的位置，集中管理，创造较好的环境条件，逐渐追上大苗。对于假成活的苗子可以淘汰。

③去除固定物：茄子嫁接去夹不能过早，特别是采用斜切接的苗子去夹更不能过早，否则易使嫁接苗在搬动过程中从接口处折断。由于茄子茎的木质化程度较高，即使去夹晚一些，也不影

响其生长，但对于用两个夹子固定的秧苗，应去除一个夹子。一般可延迟到定植后再去夹，这样还可以防止定植时埋土超过接口。采用塑料条绑缚接口的可早些松绑，以免影响生长。

④成苗期管理：成苗期一般不用扣小拱棚，白天 20～25℃，夜间 13～15℃，只有当最低温度降到 10℃以下时，夜间再扣小拱棚。阴天温度控制要比晴天低一些。温度调节主要靠保温、增加光照、必要的补充加温及放风来实现。成苗阶段水分要充足，保持土壤湿润，不能缺水。当秧苗较拥挤时，要及时进行排湿，将营养钵分开一定距离，以免相互遮光，影响生长。在定植前7～10 天开始对秧苗进行低温锻炼，控制灌水，加大放风量，减少覆盖。白天气温 20℃左右，夜间 10～12℃。在定植前的 1～2 天要进行一次病虫害防治处理，喷洒一次农药，以防带入田间。

92. 茄子苗期如何进行二氧化碳施肥？

一般，茄子苗期适宜的二氧化碳浓度为 800～1 200 毫升/米^3。在适宜的浓度范围内，二氧化碳气体的浓度越高，高浓度所持续的时间越长，越有利于蔬菜的生长和发育。而自然条件下空气中的二氧化碳浓度只有 300 毫升/米^3 左右，不能满足培育壮苗的需要。因此，从培育壮苗角度来讲，茄子苗期需要进行二氧化碳气体施肥，特别是低温期育苗，由于苗床的通风量偏少，二氧化碳得不到及时补充，白天的二氧化碳浓度大部分时间里低于露地，更需要进行二氧化碳施肥。

小规模育苗时，一般用干冰释放二氧化碳或用钢瓶盛装二氧化碳，用送气管将二氧化碳送入苗床即可。大规模育苗时，可用钢瓶盛装二氧化碳施肥，也可用化学反应发生产二氧化碳施肥。如用碳酸盐与硫酸、盐酸、硝酸等进行反应，产生二氧化碳气体进行施肥。

93. 茄子育苗床内进行二氧化碳施肥应注意哪些问题?

茄子育苗床内进行二氧化碳施肥应注意:

(1) 施肥浓度要适宜　茄子苗期适宜的二氧化碳施肥浓度为800～1 000毫升/米^3,浓度过高不仅造成浪费,而且也容易引起二氧化碳气体中毒。但浓度偏低,施肥效果不明显。

(2) 施肥时间要适宜　分苗前,茄苗尚小,一般不需要进行施肥,分苗后,特别是茄苗进入旺盛生长期后,茄苗生长加快,需要的营养量增多,故此期为二氧化碳施肥的最佳时期。由于棚室内一天中二氧化碳是不断变化的,因此二氧化碳施用时间要严格掌握好。一般开始施用二氧化碳的时间为晴天日出后的半小时,停止施用时间为放风前的半小时。施肥过早,苗床内的二氧化碳浓度尚高,施肥意义不大,反而使苗床内的二氧化碳浓度过高,引起二氧化碳气体中毒。施肥过晚,在茄苗一日光合效率高峰期之后施肥,将降低施肥效果。如果茄苗生长不良,长势偏弱,还可在下午进行短时间的施肥,茄苗恢复正常生长后停止施肥。一般要求每日的二氧化碳施肥时间不少于2小时,时间过短,达不到应有的施肥效果。

(3) 施肥环境要适宜　在弱光条件下增施二氧化碳虽然有弥补光照不足的功效,但只有在叶面受光最大时,二氧化碳施肥效果才最好。据日本和荷兰学者试验证明,只有在光照达到2 800勒克斯以上时,二氧化碳施肥才有效果。因此,进行二氧化碳施肥时,应尽量通过清洁进光面等措施增加光照,同时应设法提高棚室内温度。

94. 茄子无土育苗常用的基质有哪些?各有什么特点?

目前用于无土育苗的基质材料,除了草炭、蛭石、珍珠岩外，还有沙砾、碎石、炉渣、炭化砻糠、腐熟秸秆、处理过的甘蔗渣、酒糟、锯末及生产食用菌废弃培养料等均可作为基质材料。

草炭是育苗常用的基质之一，含有丰富的有机质，约37%，其全氮量在1.5%以上，并且含有较高的大量元素和微量元素，其质地疏松，保水保肥能力强，但透气性差，偏酸性，一般不单独使用，常与木屑、蛭石等混合使用。

炉渣是锅炉烧煤后的残渣,来源广泛,质地疏松,孔隙度大,具有保水、通气、速效钾含量较高的优点,但偏碱性,使用前要过筛、水洗,用直径0.5～3.0毫米的炉渣作为育苗床土的原料。

炭化砻糠是将稻壳在铁锅中焙烤碳化而成，其质地疏散，保水通气性能良好，速效钾含量高达6 000毫克/千克以上，配制育苗床土时亦可选用，体积比例不超过25%。

蛭石是建筑上常用的绝热材料，其质地很轻，每立方米约为80千克，呈中性或碱性反应，具有较高的阳离子交换量，保水保肥能力较强。使用新蛭石时，不必消毒。蛭石的缺点是长期使用时，结构会破碎，孔隙度小，影响通气和排水。

珍珠岩容重小且无缓冲作用，孔隙度可达97%。珍珠岩较易破碎，使用中粉尘污染较大，应先用水喷湿。

95. 茄子无土育苗常用的混合基质配方有哪些？

目前，在我国无土育苗一般是与穴盘育苗相配套使用，采用的育苗方式一般都是基质育苗。配制基质时，除了要本着就地取材、经济实用的原则外，还要求基质必须质轻、透水透气性好，同时，最好在基质中含有较多营养物质，以便于尽量简化营养液配方和降低营养液供应量，达到降低育苗成本的效果。我国各地在采用塑料钵、穴盘或平盘育苗时，普遍采用的基质种类一般为蛭石、草炭和有机肥混合物。所用有机肥一般为经过腐熟、过筛的牛粪，三者的配合比例一般为体积比为1：1：1，为了保证基质中营养物质的供应量，一般在每立方米基质混合物中还需要加入烘干鸡粪4～5千克、硫酸钾和磷酸二铵各100克。有的地方利用食用菌废弃培养料作基质，此时只要在每立方米的废弃培养料中掺入烘干鸡粪5千克、硫酸钾和磷酸二铵各150克即可。如果利用腐熟、沤制秸秆等材料配制基质，则要根据秸秆的腐熟程度合理掌握。

96. 茄子无土育苗时可以采用哪些容器？

茄子无土育苗时，可以采用以下容器：

（1）平盘　为长方形硬塑料盘，黑色或浅灰色。目前各地使用的平底育苗盘的规格一般为长×宽×高为60厘米×30厘米×5厘米，盘的底部布满小眼，以备漏水、透气，装入基质抹平即可供育苗和分苗用。

（2）穴盘　为长方形软质塑料盘，盘内纵横压制出许多具有隔板的孔穴，每一孔穴的底部又都设有排水孔。我国各地普遍使用的穴盘的规格一般为54厘米×28厘米×6厘米，根据每一穴盘内所含孔穴的数目不等，分别有50孔、72孔、128孔等多种形式。每盘内所含有孔穴数目越多，则单孔营养面积越小。其中，适宜茄子育苗用的穴盘为50孔和72孔穴盘。

（3）塑料钵　利用软质塑料压模而成，形似圆锥体，多为蓝色和黑色半透明。底部中央有一直径1厘米左右的小孔，便于育苗时透水通气。塑料钵的规格有多种，适于茄子育苗用的塑料钵规格一般为上口径8～10厘米、底径6～8厘米、钵高8～10厘米。

97. 茄子无土育苗时怎样配制营养液？

适宜茄子无土育苗的营养液配方有多种，这里推荐以下几种配方供参考采用：

①1 000 千克水加入尿素 400～500 克、磷酸二氢钾 450～600 克、硫酸钙 500 克、硫酸镁 500 克。该营养液配方中，包括了茄苗所需要的各种大量营养元素，适合于茄子各种无土育苗方式，尤其是采用水培育苗，或采用沙砾、碎石、炉渣、蛭石、珍珠岩、炭化砻糠等材料为基质进行育苗时，必须采用此类配方。但是，其营养液配制成本较高，当基质中营养成分含量较高时，则不必采用该配方。

②1 000 千克水加入尿素 400～500 克、磷酸二氢钾 450～500 克。该配方只是为营养液提供了氮、磷、钾三种大量元素，适用于基质中含有少量营养物质的有机基质育苗方法。

③1 000 千克水加入磷酸二氢钾 400～500 克、硝酸铵 600～700 克。该配方适用于基质中含有少量营养物质的有机基质育苗方法。

④1 000 千克水加入硫酸镁 500 克、硝酸铵 320 克、硝酸钾 810 克、过磷酸钙 550 克。该配方适用范围同①。

上述配方中，并未包括植物生长过程中所需要的微量元素，如果采用水培法及单一用蛭石、珍珠岩、碎石、炭化砻糠等作基质育苗时，还须加入如下微量元素。即 1 000 千克上述溶液中加硼酸 3 克、硫酸锌 0.22 克、硫酸锰 2 克、硫酸钠 3 克、硫酸铜 0.05 克。无土育苗营养液应尽量做到原料易购，价格低廉，配制简便，养分齐全，使用安全。当基质中草炭、食用菌废弃培养料等有机基质含量较高时，则可以将微量元素从营养液中删除。

上述营养液配制好了以后，往往并不能直接用于灌溉幼苗，还必须对营养液的酸碱度进行调整。适宜茄子生长的营养液酸碱度为 pH 6.0～6.5。如果营养液在配制之后，酸碱度过高或过低，必须选用硫酸、盐酸或氢氧化钾、氢氧化钠等进行调整。此外，还应注意将营养液的温度控制在 20～25℃，以免造成土温过高或过低。

98. 茄子无土育苗苗期管理的技术要点是什么？

无土育苗时，浇水与传统育苗方法不同，浇水次数也要频繁得多。特别是穴盘苗穴的基质量少，又是干种子直播，所以要求播后的水一定要浇透，以孔穴底孔向外渗水为标准。冬春季出苗前考虑用地膜把苗盘覆盖一下，一是为保温，二是可以保湿，这样到出苗前可以不再浇水；夏季温度高、水分蒸发快，要小水勤浇，保持上层基质湿润，以利出苗，但也不能水分太大，防止种子腐烂。出苗后到第一片真叶长出，要降低基质内水分含量，水分过多易徒长。其后随着幼苗不断长大，叶面积增大，同时蒸腾量也加大，这时如果秧苗缺水就会受到明显抑制，易形成老化苗；反之，如果水分过多，在温度高、光照弱的条件下秧苗易徒长，在夜温低的情况下易发生猝倒病和沤根病。另外，水分大，使苗床内空气湿度增高，易导致较多的病害发生。夏天多选择小孔盘，由于温度高，幼苗蒸发量大，基质较易干，在勤浇水的同时，也要防止水分过大和防雨涝，在遇阴雨天时空气湿度大，如果浇水过多就会烂苗。

（二）露地茄子栽培技术

99. 栽培茄子应如何整地做畦？

茄子适于有机质丰富、土层深厚、保水保肥、排水良好的土壤。对轮作要求严格，最忌连作，要选用 5 年内不重茬的地块，也忌与番茄、辣椒、马铃薯等其他茄科蔬菜连作，前茬最好是空茬或是葱蒜类、豆类、十字花科蔬菜。地势低洼、排水不良的地区应采用高畦或高垄栽培，并挖排水沟。地势较高、气候干旱的地区，应采用平畦，以利于灌溉。在北方除干旱地区或干旱季节外，一般多行垄作，灌溉与排水方便，利于防病，防止倒伏。上茬作物收后，深翻30厘米左右，最好能经过冻垡和晒垡，以利于土壤养分分解，减少病虫害。春季大地回暖解冻后整地施肥，做垄或做畦。垄距55厘米、垄高20厘米左右；畦高10～15厘米、畦面宽80～90厘米，栽2行，株距40厘米左右。育苗地在播种前也要充分犁耙翻晒，耧去床土表面的粗土块、碎石，起成畦沟深20厘米、畦面宽约130厘米的平畦作为苗床。

100. 茄子对基肥有何要求？如何施基肥？

茄子喜肥耐肥，生长期长，须深耕重施基肥，促进产量提高，防止早衰。一般在头一年进行秋翻时施一部分基肥，第二年春进行春耙保墒，定植前再施农家肥，每667米^{2}总计施基肥5 000～7 500千克。定植前将腐熟牛粪或土杂肥5 000千克、过磷酸钙50千克、草木灰200千克或花生麸50千克，堆沤15天，在移植时混合30千克复合肥进行条施。为培育壮苗，苗床一定要施足基肥，一般每667米^{2}苗地全层撒施腐熟的优质有机肥1 500～2 000千克，与表土混匀后播种。

101. 露地茄子早春育苗和定植时期如何确定？

早春茄子露地定植时应有8～9片真叶，叶大而厚，叶色较浓，子叶完好，苗高20厘米左右，茎基粗0.5厘米以上，现大蕾，根白色，全株干重0.2克以上。依据上述苗态，北方地区露地茄子早春育苗苗龄一般长达80天以上，南方地区需要100天以上。适宜的育苗期应根据当地适宜的定植期向前推100～120天进行播种，播种过早，秧苗易老化。露地茄子早春定植，必须待晚霜过后，土温稳定在13～15℃以上时开始。定植过早易受冻害或寒害。但为了争取早熟，在不受冻害的情况下应尽量适时早栽。

102. 露地秋延后茄子育苗和定植时期如何确定？

茄子为喜温蔬菜，既不耐霜冻，也不耐长期的高温。所以，秋延后茄子的育苗期可以在高温期有简易遮荫的保护条件下进行，定植期应尽量避过高温期，并保证茄子在晚秋霜冻来临前能至少采收2～3层果。

露地秋延后茄子一般7月底至8月初播种，苗龄40～50天，由播种期加上苗龄即为定植期。育苗时正值高温季节，光照强，应采取遮荫措施。播完种后在大棚上盖好遮荫网，两边通风。待65%左右的种子发芽后，及时揭去稻草。齐苗后晴天每天上午8～9时盖上遮阳网，下午4～5时揭开。土壤过干应洒水，要做到见干见湿。密切注意天气变化，严防闷热天气烧苗。齐苗后用75%百菌清防治猝倒病一次。一般在8月底9月初，选择晴天或阴天下午进行定植，一次性浇足定植水。

103. 茄子露地定植的技术要点是什么？

茄子根系再生能力差，定植时尽量带土移栽，最好采用容器育苗。茄子以采收嫩果为栽培目的，结果习性规律，在一定的生长期内依靠增加单株结果数及增加单果重来提高产量受到很大限制，增加单位面积株数是提高单产的主要途径。生产中常常采取加大行距、缩小株距的方法，实行宽行密植。这不仅能够降低群体内的消光程度，改善通风透光条件，还能降低因绵疫病等病害而造成的烂果现象。适宜的栽植密度，应根据品种生长期长短而灵活掌握。早熟品种每667米^{2}栽植3 000～3 500株，中晚熟品种每667米^{2}栽植2 500～3 000株。对生长势中等的品种进行早熟生产而不摘恋秋栽培时，每 667 米^2 可增至 4 000 株以上。

104. 茄子定植后缓苗阶段应怎样管理？

茄子定植时浇足定植水，一般只有定植水浇的少，或土壤保水力差，出现缺水现象时，才需在缓苗期补水。定植初期要促进生根发叶，除保证一定湿度外，主要靠提高土壤湿度和土壤的通透性。所以关键技术是中耕松土。定植后应及时中耕，使茄苗周围表土疏松，结合中耕适当培土，把垄台逐渐放平。

105. 茄子的田间管理包括哪些技术？

茄子的田间管理包括中耕除草、施肥灌水、植株调整、防止落花落果、防治病虫害等，保护地栽培还有环境调控等管理。茄子定植后，应及时进行中耕除草，创造良好的土壤生态条件；及时灌水和追肥，保证水分和养分供给；根据栽培目的和栽培方式，确定适宜的种植方式，保留适宜的结果枝，及时抹除基部杈枝，摘除老叶、病叶等，在不适宜的季节栽培时采用有效措施防止落花和畸形果的产生，及时防治病虫害。保护地栽培中，最重要的还是做好通风、保温等环境调控管理。

106. 茄子中耕的技术要点是什么？

中耕是在茄子生长期间的土壤表层耕作，在定植初期是促进缓苗的重要技术措施，在茄子封垄以前也是调节土壤湿度与表面结构的重要措施。中耕的技术关键是掌握适宜时期和深度。适宜时期是指中耕时地不黏不干，中耕后土壤湿而不黏，细松能保墒。适宜的深度应掌握在土壤表层 10～15 厘米内进行，掌握前期稍深、中期深、后期浅的原则，根系范围小时适当深耕，根系范围大时适当浅耕，避免中耕伤根。在生长前期，植株封垄前应进行一次深中耕，深度可达15厘米，这次中耕可结合深施基肥，并适当培土以提高保水、保肥能力和克服植株倒伏。而到后期的中耕，深度为3厘米左右，尽可能减少根系损伤。中耕的技术要点是细致周到、均匀一致。

遵循以上原则和技术要点，定植后要及时进行中耕，中耕深度宜7～8厘米，在茄子的株间用镐刨松，用锄铲细，使茄苗周围表土疏松，促进根系下扎。缓苗后，每当浇水后或大雨后，都要在适宜中耕的时期进行中耕，防止土壤表层板结露墒。植株封垄后一般不再中耕，以免损伤枝叶。

107. 茄子需水的特点是什么？如何科学灌水？

茄子叶大，蒸腾水分多，需水也较多，但不同生育期需水量不同。苗期需水较少，定植后需水增加，但一般有一段时间的蹲苗期。一般在门茄达瞪眼期时结束蹲苗，瞪眼期标志着果实进入旺盛生长时期，土壤湿度应达到田间最大持水量的80%。水分对茄子果实长度的影响大于对果实粗度的影响，在正常情况下可以通过对一定品种果形变化的观察判断土壤水分的余缺。对茄和四母斗茄子迅速膨大时，茄子对水分的要求达到高峰，应每隔5～6天浇一次水。雨季要及时排水防涝，防止沤根和烂果。

108. 茄子需肥的特点是什么？如何科学施肥？

（1）需肥特点　茄子是喜肥作物，土壤状况和施肥水平对茄子的坐果率影响较大。在营养条件好时，落花少，营养不良会使短柱花增加，花器发育不良，不宜坐果。此外营养状况还影响开花的位置，营养充足时，开花部位的枝条可展开4～5片叶，营养不良时，展开的叶片很少，落花增多。

茄子对氮、磷、钾的吸收量，随着生育期的延长而增加。苗期氮、磷、钾三要素的吸收仅为其总量的 0.05%、0.07%、0.09%。开花初期吸收量逐渐增加，到盛果期至末果期养分的吸收量约占全期的 90%以上，其中盛果期占 2/3 左右。各生育期对养分的要求不同，生育初期的肥料主要是促进植株的营养生长，随着生育期的进展，养分向花和果实的输送量增加。在盛花期，氮和钾的吸收量显著增加，这个时期如果氮素不足，花发育不良，短柱花增多，产量降低。

每生产 1 000 千克茄子需纯氮 3.2 千克，五氧化二磷 0.94 千克，氧化钾 4.5 千克。每 667 米^2 产茄子 4 000～5 000 千克，则需纯氮 12.8～16 千克，五氧化二磷 3.8～4.7 千克，氧化钾 18～22.5 千克。

（2）施肥技术　茄子苗期对营养土质量的要求较高，只有在质量高的营养土上才能培养出节间短、茎粗壮和根系发达的壮苗。一般要求在 11 米^2 的育苗床上，施入腐熟过筛有机肥 200 千克，过磷酸钙 5 千克，硫酸钾 1.5 千克，将床土与有机肥和化肥混匀。如果用营养土育苗，可在菜园土中等量地加入由 4/5 腐熟马粪与 1/5 腐熟人粪干混合而成的有机肥。如果遇到低温或土壤供肥不足，可喷施 0.3%～0.5%的尿素水溶液。

茄子生长期长，枝叶繁茂，需肥量大，耐肥性强，但应根据各生育阶段的特点进行施肥。成活后至开花前，主要是促进植株健壮生长，为开花结果打好基础，茄子定植后 4～5 天秧苗恢复生长，即可追施粪肥或化肥提苗，一般结合浅中耕进行；开花后至坐果前，应适当控制肥料供应，以利于开花坐果，根据植株生长情况，如基肥充足、植株生长良好，可不施肥。如基肥较少、植株生长较差，可追施一次稀释的人畜粪；门茄坐果后至第三层果实采收前，此期果实开始采收，植株除继续生长枝叶外，不断开花结果，应及时供给肥料；第三层果实采收后为盛果期，此时应每采收一次追肥一次。对于果重型的大圆茄类型品种的追肥，应把追肥重点放在从门茄瞪眼到四母斗收获这个时期。

109. 茄子如何进行叶面施肥？

叶面追肥也叫根外追肥，是指在生长期间在植株的叶面上进行喷肥，让叶片直接吸收利用，促进植株生长健壮，叶片颜色变深，提高植株的抗逆性，增加茄子的产量。茄子叶面追肥一般是在开花结果期，每 667 米^2 茄子田喷 1 支叶面宝营养剂，增施微肥，促进开花着果，也利于植株生长。叶面追肥也可喷 0.2%的尿素和 0.3%磷酸二氢钾混合液，结果期每 15 天喷施一次。为了提高秧苗的抗逆性，在定植前对秧苗喷施一次 0.2%尿素和 0.3%磷酸二氢钾混合液。叶面追肥应注意喷雾要细，均匀周到，时间宜在下午进行。

110. 茄子植株调整的措施有哪些？

茄子植株调整的措施主要有打侧枝、摘老叶、摘心和防止落花落果等。

（1）打侧枝　茄子植株长到一定叶片时，顶芽变成花芽，生长点下相邻两个叶腋抽生侧枝，这两个侧枝几乎均衡生长，代替主茎构成双杈分枝。在第一个分杈以下的主干上，每个叶腋都可能发生侧枝，这些侧枝一般要及时去除，不予保留。第一次分杈的两个侧枝往往生长并不平衡，先发生的侧枝习惯上称为主枝，第二条枝称为侧枝。在进行茄子整枝时，应在第二条枝长出时进行，这时下部各叶片的叶腋都发生侧枝。植株的叶片从下往上越来越大，侧枝越往上长势越旺，除了留下上部两个侧枝外，主干侧枝及早摘除，每个枝条下边各留一片叶，其余叶片全部打掉。

（2）摘老叶　在整枝的同时，还可摘除一部分下部老叶片。

适度摘叶可以减少落花，减少果实腐烂，促进果实着色。但摘叶不能过量，因为果实产量与叶面积的多少有密切的关系。尤其不能把功能叶摘去，否则将会造成植株营养不良而早衰。一般只是摘除一部分衰老的枯黄叶和病虫害严重的叶片，摘叶的方法是：当对茄直径长到 3～4 厘米时，摘除门茄下部的老叶；当四母斗茄直径长到 3～4 厘米时，又摘除对茄下部老叶，以后一般不再摘叶。

（3）摘心　茄子长季栽培时，一般不摘心。在生长期较短的情况下，或保护地栽培空间有限的情况下，可进行摘心。大果型品种在四母斗茄子现蕾后，留 1～2 片叶摘心，新发侧枝也全部摘除，每株保留 7 个叶子，使养分集中，加速果实生长，争取早期产量。小型品种也可以在四母斗以上再留一个枝条，即四母斗茄子现蕾后，要留 4 个枝条，把侧枝全部摘除，以免枝叶郁蔽。

（4）防止落花落果　茄子在生育过程中，有不同程度的落花落果现象。究其原因：除高低温（38℃以上高温或 15℃以下低温）影响外，还可能与光照弱、土壤干燥、营养不良及花器构造上的缺陷有关。为了防止茄子落花，应根据其发生的原因，有针对性地加强田间管理，改善植株的营养状况。此外，使用生长调节剂也能有效地防止因温度引起的落花。可以用 2,4－D 浸花，方法是配制 30～40 克/升的 2,4－D 稀释液装于小碗内，然后把花蘸到药液上，浸及花柄后立即取出，并把花柄上多余的药液抖掉，以防止花柄上 2,4－D 浓度过大而造成畸形果。也可以用 2,4－D 涂花，方法是用毛笔蘸上配好的 30～40 克/升的 2,4－D 溶液涂到花柄上即可。因为 2,4－D 对茄子的幼叶和生长点有损害作用，不能用于喷花。使用时气温低时浓度高些，气温高时浓度低些，一般上午 8～10 时、下午 2～4 时进行药液处理，阴雨天不要蘸花，药液现配现用。也可以用 30～50 克/升的番茄灵或防落素进行喷花，要喷布均匀。

111. 如何进行茄子整枝?

露地栽培茄子一般不整枝，按照茄子分枝习性保留各级分枝生长和结果。茄子适当进行整枝，有利于形成良好的个体与群体结构，改善通风透光条件，提高光合生产率。所以在保护地栽培中，为了增加密度，提早结果和使结果期适当集中，常进行整枝栽培。有单干整枝和双干整枝，以后者多用。

由于茄子植株的枝条生长及开花结果习性相当规则，其调整方式相对较简单。单干整枝，就是在茄子每次分杈时，都去除弱分枝，保留强分枝，植株生长期始终保留一个结果枝。双干整枝，就是在茄子植株第一次分杈时，保留两个分枝同时生长，以后每次分枝时只保留一个分枝而去除另一个分枝，使植株整个生长期保留两个结果枝。自然开心整枝法即属于双干整枝法，在每层分枝处保留斜向生长或水平生长的两个对称枝条，对其余枝条尤其是垂直向上的枝条一律摘除。整枝时期是在门茄坐稳后，将门茄以下所发生的腋芽全部打去；在对茄和四母斗茄坐稳后又将其下部的腋芽全部摘除，以便能使营养集中供给果实发育的需要。四母斗茄以后除了及时摘除腋芽，还要及时打顶摘心。这样，能保证每个单株收获5～7个果实。

112. 如何进行茄子V形整枝?

V形整枝是在定植后，进行主干除蘖，促使第一朵花着生节位高达50～60厘米，其下自然形成两分枝。在着生2～3片叶以后，再分别各自长分枝，留此4个主枝为结果母枝，分别牵引成俯视与主干成X形。以后主干下各侧芽、叶片均应及早摘除，以节省养分及保持通风、透光。由于此V形整枝方法使其每枝结果母枝营养供应充分且均匀，减少植株营养物质浪费，其结果量多，平均每枝结果枝都维持6～8个果实。故需用支架支撑其重量。V形整枝支架的搭建，以在茄子主干两边，使用桂竹斜扦成V字形，高度约2米，每支桂竹隔2.3～2.6米，再利用细竹横向拉杆，结缚于V形支架上，高度约110～130厘米。此时，因结果母枝尚短，未能生长至横细竹上，应用塑胶绳牵引，直到结果母枝生长达到横支架时，再将结果母株上塑胶绳改系于横支架上。在茄子的结果母枝上，每叶腋的侧芽为结果短枝，在结果短枝结果后，其下留1片叶，再行摘心，以充分供应茄果养分，促进发育。茄果在采收时，应在近结果短枝基部侧芽上方剪下促使其基部侧芽再生长成的结果短枝，约经20～30天，又可开花结果。

113. 茄子田如何进行除草？

茄子的田间除草可以进行人工除草，也可以进行化学除草。人工除草一般结合中耕进行，人工除草劳动强度大，而且费工。化学除草省工、效率高。茄子田除草适宜的除草剂有48%氟乐灵乳油、48%地乐胺乳油、25%扑草净可湿性粉剂和40%扑草净可湿性粉剂，这四种除草剂任选一种均可。48%氟乐灵乳油，每667米^{2}用药100毫升，加水25千克，混合均匀喷雾，施药后混土约3厘米深；48%地乐胺乳油，每667米^{2}用药200毫升，加水25千克，混合均匀喷雾，施药后混土约3厘米深；25%扑草净可湿性粉剂，每667米^{2}用药150克，加水25千克，喷施；40%扑草净可湿性粉剂，每667米^{2}用药100克，加水25千克，喷施。不进行地膜覆盖的，可以于移栽前5～7天均匀喷洒土表，用药后保持土壤湿润，移栽时尽量不翻动土层，也可以在移栽后定向喷雾，避免药液飞溅到苗株上。如果进行地膜覆盖，可以先喷除草剂，然后定植茄子苗、覆盖地膜，最后挖孔把苗掏出来，也可以先喷除草剂，随后盖地膜，然后挖孔定植茄子苗。

114. 门茄开花坐果期茄子应如何管理？

早春露地茄子定植时，由于外界温度偏低，特别是夜间往往低于15℃，而茄子在16℃以下就不能正常授粉受精，发生低温性生理障碍，引起落花、落果。由于低温、高湿，容易引发灰霉病，严重时会导致门茄腐烂、脱落。门茄长到瞪眼期时可开始追肥浇水，水一定要浇透。如果门茄没坐住就浇透水，由于水凉易降低地温，影响茄子坐果，易引起落花落果。根据露地早春门茄落花落果的原因，在栽培上应做好防落花落果工作。首先，在开花的当天必须用防落素蘸花，气温在15～20℃时，用40～50毫升/升；气温在20～30℃时；用30～40毫升/升。为了防止灰霉病发生，在激素里加0.1%的农利灵或速克灵，有一定的防治效果。门茄开花坐果期水分管理以控为主，结合中耕适当蹲苗。浇开园水必须在门茄坐住后（茄子长到3～4厘米时）进行，要浇透；但田内不要有积水。

115. 露地茄子结果期应如何管理？

（1）养分管理　茄子的生长期长，植株生长量大，产量比辣椒和番茄都高，因此，在重施基肥的基础上还要合理追肥，这是获得茄子优质高产的主要措施之一。进入结果期后，尤其在门茄开始膨大时，可追施一次较浓的粪肥或氮、磷、钾专用复合肥，每667米^{2}施有机肥1 500千克或复合肥30～40千克。因为茄子的着果有周期性，在整个结果期间有2～3个周期，而周期起伏的程度与施肥量及追肥次数有关。一般来说，多施肥、勤施肥，其周期的起伏就不太明显，产量提高；而施肥量小和追肥次数少，周期性的起伏就大，导致产量降低。因此，在结果盛期，应每隔10天左右追肥一次，每次每667米^2

施专用复合肥 10～15 千克或稀薄粪肥 1 000～1 500 千克。由于茄子的根系入土较深，因此追肥方法宜采取深施，能提高肥料利用率。在选择粪肥时，因茄子的生育对牛粪尿颇有偏爱，故在其生长过程中常追牛粪尿，不仅能促其旺盛生长，而且具有抵抗病虫害的作用。每次追肥的时期应抢在前批果已经采收、下批果正在迅速膨大的时候，抓住这个追肥临界期，能显著提高施肥效果。

此外，因茄子叶片大，必要时可进行叶面追肥；尤其在地膜覆盖的情况下，更应重视叶面追肥，追肥种类可选用磷酸二氢钾和尿素的混合液，前者浓度 0.2%，后者浓度 0.1%，能起到保苗壮果的双重作用；也可用 20%～30%牛尿喷施，增产效果显著。

植株的营养状况可以根据花的形态来判断，花的雌蕊比雄蕊长时表示营养正常；雌蕊变短而形成短柱头时则表明营养状况不良。严重的短柱头花，即使喷用 2,4-D 也不能正常坐果。因此，遇此情况应及时追肥补充养分。

（2）水分管理　茄子的水分管理上，由于其叶面积大，水分蒸发较多，一般要保持 80%的土壤相对湿度。土壤中水分不足时，植株生长缓慢，并引起落花，使果实的果皮粗糙，品质变劣。结果期是需水最多的时期，应重浇一次“壮果水”以促进果实迅速膨大；至采收前 2～3 天，还要轻浇一次“冲皮水”，促使果实在充分长大的同时，保证果皮鲜嫩，具有光泽，以后在每层果实发育的始期、中期及采收前几天，都按此要求及时浇水，以保证果实生长发育的连续性，但每次的浇水量必须根据当时的植株长势及天气状况灵活掌握。总的来说，浇水量随着植株的生长发育进程而逐渐增加；而每一层果实发育的前、中、后期，又必须掌握少、多、少的浇水原则。

浇水可采取沟灌。但前期只能灌畦高的 1/2；中期可灌畦高的 2/3；后期可近畦面，不可漫灌。为了配合水分和养分的管理，并准确掌握灌水标准，每层果的第一次浇水最好与追肥结合进行。

（3）植株调整　对于生长较旺盛的品种，适当进行植株调整，有利于形成良好的个体与群体结构，改善通风透光条件，提高光合生产率。保护地栽培可采取自然开心整枝法，具体做法如前所述。

（4）中耕除草与揭膜培土　在茄子栽培中，如果没有覆盖地膜，应进行3～4次中耕除草，每次中耕除草应在追肥灌水后，土壤呈半干半湿状态进行。对于茄子的地膜覆盖栽培，到生长中后期随着温度的升高，可揭除薄膜进行一次中耕培土，并结合中耕培土进行追肥，以避免植株早衰和提高果实产量。

（5）防止落花落果　茄子在生育过程中，有不同程度的落花落果现象。有针对性地加强田间管理，改善植株的营养状况，以及使用生长调节剂均可有效防止因温度引起的落花。

116. 露地长季茄子越夏期间应如何管理？

露地长季栽培茄子，越夏期间正是盛果期，但外界环境温度高，光照强，常伴有干旱或暴雨，容易引发落花落果、果实日烧、病虫害流行，应加强栽培管理。

首先，应加强肥水管理。越夏期间谨防干旱，应及时浇水，保持土壤经常湿润；大雨暴雨时注意排水防涝，并在雨后及时用清凉井水浇园。结合浇水，根部追肥，促进茎叶生长和果实发育。

第二，采取必要措施，降低田间土壤表层温度，可在垄间铺秸秆，降温降湿，抑制杂草，防止草荒，防止烂果。

第三，合理整枝打杈，注意枝叶对果实形成覆盖，防止日烧。

第四，注意防止高温暴雨引起的落花落果，尽量将未坐果的花调整到叶的覆盖下，防止暴雨冲刷花粉而影响坐果。使用植物生长调节剂处理，防止落花落果。

第五，及时摘除植株下部老叶和病叶，减少病虫源，并避免因雨水拍打地面溅起泥浆而引起发病。及时防治病虫害，保护枝叶安全越夏。

117. 露地长季茄子越夏后应如何管理?

越夏后，气候转凉，露地长季茄子又进入第二结果盛期，应继续加强管理，以获得后期产量。越夏后的管理重点是加强肥水管理，及时整枝打杈，及时摘除病叶老叶，防治病虫害。

一般每隔 10 天左右追肥一次，每次每 667 $米^2$ 施专用复合肥 10～15 千克或稀薄粪肥 1 000～1 500 千克。每次追肥的时期应抢在前批果已经采收、下批果正在迅速膨大的时候，抓住这个追肥临界期，能显著提高施肥效果。结合施肥，及时浇水，以促进果实迅速膨大。但雨季注意排涝，防止田间积水。

越夏后，植株调整也不可松懈，应及时摘除病叶、老叶，去除侧枝和非结果枝。

越夏后茄子病虫害增多，主要病害是黄萎病和绵疫病，主要虫害是红蜘蛛及茶黄螨，应及时防治。黄萎病发病初期用 30%DT 杀菌剂 350 倍液灌根，或用 50%多菌灵 800 倍加 50%甲基托布津 500 倍液喷雾。雨季注意防治绵疫病，可利用多菌灵、可杀得、杀毒矾、瑞毒霉等药剂交替防治。茶黄螨危害幼果时主要在果顶处聚集，使果实长大后留下一个大大的“疤痕”，严重影响了茄子的外观品质，降低了经济效益。茶黄螨发生初期用齐螨素 1 000 倍液、尼索朗 1 500 倍液、20%杀螨卵酯 1 000 倍液交替防治，7～10 天一次，连喷 3 次，注意喷叶背面和嫩茎、茎叶、幼果等幼嫩部位。防治茶黄螨的同时，也可杀灭红蜘蛛。

118. 无公害茄子栽培对施肥有哪些要求？

无公害茄子栽培，施肥首先应该选用无公害生产允许使用的肥料。在施肥技术上，应在土壤化验的基础上进行科学合理的配方施肥，避免盲目施肥；以有机肥为主，配合化学肥料；化学肥料应注意氮、磷、钾配合施，避免单施化肥，控制硝态氮肥的用量；化肥应适当分散施用，避免一次大量施用；尽量埋施，或水肥一体化施用。推荐施肥量为：每 667 米^2 产 10 000 千克茄子时，在土壤营养条件达到水解氮 70 毫克/千克、速效磷 80 毫克/千克、速效钾 120 毫克/千克时，应施入农家肥 3 000 千克和纯氮 17.5 千克、纯钾 20 千克。磷肥的 80%、氮肥和钾肥的 50%～60%用作基肥。土壤肥力分级及目标产量所需氮、磷、钾的养分指标见表 4。

表 4　土壤肥力分级及茄子目标产量施肥指标

肥力等级	菜田土壤养分测试值					目标产量（千克/667 米^2）	养分需要量		
	全氮（%）	有机质（%）	碱解氮 克/千克	磷(P_2O_5) 克/千克	钾(K_2O) 克/千克		氮（千克/667 米^2）	磷（千克/667 米^2）	钾（千克/667 米^2）
低肥力	0.10～0.13	1.0～2.0	60～80	100～200	80～150	10 000	32.4	9.4	44.9
中肥力	0.13～0.16	2.0～3.0	80～100	200～300	150～220	12 000	34.48	11.2	53.88
高肥力	0.16～0.20	3.0～4.0	100～120	300～400	220～300	15 000	48.6	14.1	67.35

119. 露地长季茄子无公害栽培的技术要点有哪些？

（1）基地选择　无公害茄子栽培，应该选择生态环境条件符合无公害茄子生产要求的无公害蔬菜基地进行。

(2) 品种选择　选用抗病虫、抗逆性强、适应性广、商品性好、优质高产的优良品种，如：紫杂3号、茄杂1号、宣紫1号、巨星2号、辽茄3号、天津快圆茄、北京茄王等。以减少病虫害发生，控制农药污染。

(3) 嫁接育苗、培育壮苗　为了有效预防黄萎病、根结线虫等土传病害，尽量采取嫁接育苗措施，培育壮苗。播种前对种子进行表面消毒灭菌处理，以预防种子传染病害。先用冷水浸种3～4小时，然后用50℃的温水浸种0.5小时，浸后立即用冷水降温晾干后备用，或用300倍福尔马林浸种15分钟，用清水洗净后晾干备用，可防褐纹病。用50%多菌灵可湿性粉剂500倍液浸种2小时，捞出洗净后晾干备用，可防黄萎病。严格控制病苗进入生产田。

(4) 选择非连作土壤定植　选择近3年没种过茄科蔬菜的地块种植，结合整地每667米^{2}施腐熟圈肥5 000～7 000千克，过磷酸钙15～20千克，硫酸钾10～15千克，硫酸铵30千克。为改善通风透光条件，减少雨季由绵疫病等病害而造成的烂果，应采用高畦栽培，且采取大行距、小株距的定植形式。定植前，在定植畦内做成顶宽90厘米、底宽120厘米的高畦，定植时，在畦上按60厘米的行距开沟，栽苗时顺沟施入部分基肥并与土壤充分混匀后浇水，然后按30～50厘米（极早熟品种30厘米、晚熟品种50厘米）的株距坐水稳苗，待水快渗完时用沟两侧的土封沟，定植深度以土坨与畦面略平或稍深为宜。为防止黄萎病的发生，定植穴可用50%的DT可湿性粉剂350倍液浇灌。

(5) 田间管理　及时摘除病、虫叶和病、虫果，拔除重病株，以防传病。在进行以上操作后，或在整枝打杈前要用肥皂水洗手，以防传染病毒病。定植后如土壤干旱浇一次缓苗水，但水量不宜过大，此后以耕代浇进行蹲苗。门茄瞪眼时结束蹲苗，浇一次催果水。对茄及四母斗茄子迅速膨大期，应4～6天浇一水。在茄子的整个生长期不可大水漫灌，雨季要注意及时排涝以防烂果。

门茄膨大时，追施一次催果肥，结合浇水，开沟每 667 米^2 追施硫酸铵 15～20 千克或磷酸二铵 8～10 千克。对茄及四母斗茄膨大期每隔 10～15 天追肥一次，每次随水施腐熟粪肥 1 000 千克或尿素 10 千克。结合中耕，适时培土，以防风刮倒苗及结果盛期植株倒伏。

（6）病虫害防治　综合运用农业技术措施，首先减少病虫源，降低发病几率。其次创造不利于发病的生态条件，使有病不发，不流行。一旦发生病虫害，则以“综合防治结合生物防治为主，化学防治为辅”为原则进行防治。

120. 如何进行露地夏茄子栽培？

（1）品种选择　宜选择生长势强、丰产性好、耐高温、抗病毒病的茄子品种。

（2）播种育苗　选择地势高燥、土壤肥沃、排灌方便、近 3 年内未种过茄果类蔬菜的田地作苗床，并做成高畦。播前 2 周进行苗床消毒，并喷一次虫田乐，防治地下害虫，同时施入 30 克/米^2 复合肥，待播。每 667 米^2 大田需苗床 10 米^2，需种子 10～15 克。播种期一般以 4 月下旬至 5 月上旬为宜。播前对种子进行温汤浸种，用 55～60℃水浸 20 分钟，然后在室温下再浸 5～6 小时。捞起种子拌干泥灰，均匀撒播于畦上，用细土覆盖 1 厘米厚，浇适量水，再覆盖地膜保温保湿，1 周左右即可出苗。出苗后要及时揭去地膜，防徒长。子叶展开后，要去掉弱苗、小苗，并结合根外追肥防治病害，用 0.3％磷酸二氢钾加 50％百菌清 500 倍液，或代森锰锌，或苗菌敌等药液喷洒幼苗，整个苗期按照生长情况连喷 2～3 次。

（3）整地施基肥　每 667 米^2 大田施农家肥 3 000 千克，三元复合肥 40 千克，过磷酸钙 25 千克。农家肥沟施，其余肥料全层撒施。施肥后做成宽 140 厘米（含沟）、高 25 厘米的畦，待定植。

（4）定植　定植时间以 5 月下旬至 6 月上旬为宜，苗龄30～35 天，具真叶 4 片。每 667 米^2 定植茄子 1 200 株左右，畦面种 2 行，株距 70～80 厘米。要挑选大小一致、无病虫、节间短、色绿叶厚的健壮秧苗定植，或将大小苗分级定植，防止大苗挤小苗，使之生长一致，方便管理。起苗时要尽可能多带土，少伤根，定植最好在阴天或下午 3 时后进行。定植后浇 0.1%尿素液作定根水，以利成活。

（5）田间管理　采果 2 次后开始追肥，以后每采 2 次追一次肥。追肥每 667 米^2 用尿素 5 千克和复合肥 15 千克，可穴施，也可浇施，适当配施叶面肥。结果期正是高温季节，要充分供给水分。茄子门茄坐住后，去掉下部侧芽及老叶、病叶，保持下部通风透光，以后还需陆续打叶，最好是茄子摘到何处，叶子打到何处，并清理出田间集中烧毁。

（6）病虫害防治　病害主要有枯萎病、褐纹病、根腐病等，整个生长期可用百菌清、代森锰锌、治萎灵和根腐灵等药剂，每 7～10 天喷雾防治一次。发现枯萎病、根腐病植株，要尽快拔除，并对其余健康植株进行药剂灌根保护。虫害以红蜘蛛、茶黄螨、蚜虫为主。可用一遍净、好年冬、克螨特等防治。

（7）适时采收　从 7 月底开始，就可采收。从开花到开始采收约需 15 天左右，门茄、对茄等前期果要尽早采摘。采摘过迟会影响植株和以后茄子的生长。进入旺果期每隔 3～4 天采收一次。同时要考虑植株长势，长势过旺时，应略推迟采收；长势弱时，可适当提前采收。

121. 如何进行夏秋茄子的栽培？

（1）品种选择　选择耐热、抗病、高产的中晚熟品种，如鲁茄2号、济丰3号、半圆1号等。

(2) 培育壮苗　在4月下旬至5月上旬露地阳畦育苗，播种前5～7天进行浸种、催芽。播种时，畦内灌足底水，水渗后畦面先撒一层细土，然后将种子掺上细湿土均匀撒播，播后覆细土2厘米，等茄苗长到2～3片真叶时分苗，苗距为10厘米×10厘米，分苗后及时浇水，并喷施1 000倍液植物动力2003溶液，浇水后或降雨后要及时在床面上撒干营养土。

(3) 定植及定植后管理　选择4～5年内未种过茄科蔬菜、容易排灌的地块，每667米^{2}施优质农家肥5 000千克以上、磷酸二铵40千克，然后做垄，行距为60厘米，按株距40厘米栽苗，宜深栽高培土。秧苗栽好后随即浇水，定植第二天或第三天需再浇一次水。缓苗后要及时中耕、蹲苗。雨后立即排水，防止沤根。为减轻茄子绵疫病等病害的发生，可喷一遍200倍液等量式波尔多液。

(4) 始花坐果期管理　在门茄开花至坐果期，应控制浇水，进行一段蹲苗。但为避免过分干旱引起落花，也需适当浇水。在雨后或浇水后及时进行中耕，门茄坐住后及时追肥、浇水，整枝打杈，去掉门茄以下叶，追施粪水，每667米^2 1 000～1 500千克，以后每层果坐住后都要追一次肥，每次每667米^{2}施尿素20千克、磷肥15千克、钾肥10千克，为减轻茄子绵疫病和褐纹病的发生，应定期喷百菌清、代森锰锌或波尔多液。

(5) 结果期管理　结果期正处在雨季，管理的重点是保果、保叶。及时摘除茎部老叶、病叶，定期喷药防治绵疫病、褐纹病以及蚜虫、茶黄螨、红蜘蛛。为满足茄子植株对养分的需要，一般每隔10～15天随水追施一次硫酸铵，每次每667米^2 10～15千克，结合喷药，加0.3%的尿素或0.2%的磷酸二氢钾作为叶面追肥，效果更好。雨季期间要注意及时采收果实，不仅有利于提高产量和品质，也能减少雨后烂果。

122. 采用手捏蹲苗法如何防止茄苗疯长?

采用手捏蹲苗法防止茄苗疯长，就是两眼看准“疯长”植株，从苗枝顶上往下数，在第三叶以下节间处用两个手指轻轻一捏，让其放“响”出水，使输导组织暂时受损，减少向上输送养分而“蹲苗”停长，待 3～5 天，捏过的伤口部分愈合成一个“疙瘩”后再恢复正常生长。此时，周围没有被“捏”的弱苗、小苗、弱枝及小枝都在生长，大部分赶上了被“蹲”成壮苗的原“疯长”苗，使得幼苗都长成了生长一致的高产、优质壮苗。

123. 露地早春茄子门茄为什么容易脱落？怎样预防?

露地早春茄子门茄容易脱落的可能原因有：

①早春露地茄子定植时，由于外界温度偏低，特别是夜间往往低于 15℃，而茄子在 16℃以下就不能正常授粉受精，发生低温性生理障碍，引起落花、落果。

②由于低温、高湿引起灰霉病的发生，主要表现在茄子花托和果实的尾部，严重时腐烂、脱落。

③开园水浇得过早引起脱落。一般开园水也就是缓苗后到蹲苗结束第一次浇水，这次水必须在门茄坐住后，也就是茄子瞪眼期开始追肥浇水，水一定要浇透。如果门茄没坐住就浇透水，由于水凉易降低地温，影响茄子坐果，因此易引起果实脱落。

根据露地早春茄子门茄脱落原因，在栽培上应做好脱落的预防工作。首先，在开花的当天必须用防落素蘸花，气温在 15～20℃时，用 40～50 毫升/升；气温在 20～30℃时，用 30～40 毫升/升。此外，为了防止灰霉病的发生，在激素里加 0.1%的农利灵或速克灵有一定的防治效果。浇开园水必须在门茄坐住后（茄子长到 3～4 厘米时）进行，要浇透；但田内不要有积水。

(三) 保护地栽培技术

124. 茄子地膜覆盖栽培的技术要点有哪些？

(1) 早育壮苗　地膜覆盖栽培的目的是早熟高产。因此，应选择耐寒、抗病能力强、早熟丰产的品种，适当提早播种，采用营养钵或营养土块育大苗带土移栽，使幼苗迅速返青生长。

(2) 重施底肥　地膜覆盖后施肥困难，而且地温回升较快，作物生长旺盛，需肥量增加，因此，地膜覆盖之前应重施底肥，一般按该作物一季所用总肥量的60%～70%作为基肥一次性施入。基肥以有机肥为主，果菜类应适当增施磷、钾肥。底肥多结合翻地撒施，也可在栽苗前3～5天沟施，然后覆土。

(3) 平整畦面　土壤充分耙细整平，畦做成瓦背形，用木板刮平并稍微拍紧土表。地膜覆盖前畦面一定要浇透水，保持畦内的土壤含有充足的水分。但是畦面浇水后不能马上盖地膜，否则会造成膜内土壤湿度过大，形成“包浆土”，必须等畦面土壤“吸汗”后，才能盖膜。

(4) 盖严地膜　地膜必须拉紧铺平无皱折，并与厢面紧贴，膜的四周用土压紧压实，对杂草较多的地块，可在盖膜前厢面均匀喷施除草剂，这样除草、保温、保湿效果更好。

(5) 适时早栽　定植比不盖膜的提早10天左右（要注意防冻害），如地膜覆盖再加盖棚（小拱棚、大棚等）定植期可提早15天左右，定植时，按要求的行、株距将地膜划破小口，苗子栽入穴中。定植应选在冷尾暖头的晴天，带土移栽。定植后及时浇“定植水”，然后用细土把定植孔封严，以保温保湿，促进植株幼苗生长。

(6) 合理密植　进行地膜覆盖早熟栽培，可比露地栽培适当增加密度。

(7) 科学管理　茄苗定植后，在进行农时操作管理时，要尽量不损坏地膜，发现地膜破裂或四周不严时，应及时用土压紧，保证地膜覆盖的效果。地膜覆盖栽培具有保水保肥等作用，加之前期幼苗消耗水、肥量也小，在肥水管理上应掌握“前期控、中后期追”的原则，在春旱不严重时适当控制肥水施用，防止植株徒长。当进入开花结果盛期时，要及时追肥或根外追肥。为满足植株中后期生长发育的需要，可在行间将膜划破追肥。

125. 茄子小拱棚覆盖栽培的技术要点有哪些?

(1) 品种选择　应选择开花节位低、耐低温、果实膨大速度快、果皮和果肉颜色以及果形等符合当地消费习惯的品种。

(2) 培育壮苗　一般于1月中旬温室育苗。每667米^{2}的生产田需播种床面积3米^2，需种子量50克。先进行温汤浸种，而后在30℃条件下16小时和20℃条件下8小时的变温条件下处理催芽，可使种子发芽整齐、粗壮。待大部分种子破嘴露白时即可播种。播完后在床面上搭小拱棚以增温保湿。初期将小拱棚密闭，保持白天温度在28℃以上。待大部分苗子出土后，打开地膜，降低温度和湿度，以减少病害发生。苗出齐后，白天温度控制在25～28℃，夜间15～18℃。待苗龄35～40天，秧苗长到2叶1心时即可分苗。采用营养钵或按10厘米见方的行、株距进行分苗。分苗后将温室密闭1周，保持白天30℃，夜间20℃左右，促进缓苗。以后幼苗进入花芽分化阶段，应适当降低温度，白天控制在25～27℃，夜间15℃左右。定植前5～7天，要加强通风，降低温度进行炼苗，使苗子敦实健壮以适应定植后的田间环境。

(3) 整地定植　土壤化冻后即可整地。每667米^{2}施优质基肥5 000千克，过磷酸钙100千克，麻渣或饼肥50千克，耕2

遍，耙平，即可开定植沟。要求沟距 1 米，沟宽 30 厘米，沟深 20 厘米。在 4 月上中旬选择晴天定植，先随沟灌水，按株距 30 厘米贴沟边交错定植 2 行。随即扣小拱棚防寒。支架可采用竹皮、柳条或钢丝等。

(4) 定植后的管理　定植后 1 周内不放风，以提高温度，促进缓苗。随着外界气温的升高，开始破膜通风，风量由小到大。待 5 月上中旬，结合培土起垄，将棚膜落下，破膜掏苗。这样原来的定植沟变成小高垄，地膜由“盖天”变为“盖地”，以后成为地面覆盖栽培。

定植 1 周后，打开小拱棚一端，浇一次缓苗水；在培土封垄时，结合浇水，每 667 米^2 沟施复合肥 15～20 千克，尿素 10 千克。以后适当控水蹲苗。待大部分门茄进入瞪眼期后，结束蹲苗，浇膨果水。进入采收期后，每 5～7 天浇一水，并随水冲施尿素每 667 米^2 10 千克。

门茄开花时，气温较低，影响授粉受精和果实发育。用 20～30 毫克/升的 2,4－D 蘸花，能促进果实发育，不仅可使门茄早熟，而且果实个大。以后温度升高，茄子可自然授粉结实。

门茄以下的侧枝要打掉，以免通风不良。当门茄采收后，可摘去门茄以下的老叶以增加植株的通风透光性，减少病害发生。一旦发生病虫害，应采取无公害措施防治。

门茄易坠秧，应及时采收。一般当茄子萼片与果实相连处的浅色环带变窄或不明显时，表示果实已生长缓慢，此时即可采收。

126. 茄子中棚覆盖栽培的技术要点有哪些？

中棚覆盖茄子与小拱棚覆盖茄子的栽培技术大同小异。主要不同是，育苗时期和定植时期更早，拱棚环境调节更需精心管理。

（1）培育壮苗　要选用早熟、高产、抗寒性强、抗病的品种，在1月上旬播种育苗。秧苗2～3真叶时，一次性分苗移植到营养钵内，加强温度管理，培育壮苗。

（2）做畦定植　定植前每667米^{2}施腐熟的有机肥7 000千克、菜饼100千克、复合肥10～15千克。定植前20天扣棚，定植前10天在棚内做宽1.2米的小高畦，覆盖好地膜。生产上多采用大小行定植，南方多采用主副株定植，即1.2米宽的畦种2行，行距60厘米，株距30厘米，主株、副株隔一株种一株。副株上可留门茄、对茄、四母斗茄，采用双干整枝，在对茄上再留两干枝，各结1个茄子，即摘心。副株收5个茄子后及时拔掉。副株拔掉后，将主株在八面风茄子上留三干后摘心，加强肥水管理，八面风茄子采收后拉秧。

（3）加强棚温管理　定植后，采用多层覆盖的，白天拉开内层覆盖物，夜晚盖上，阴天尽量使秧苗多见光。上午棚温升到25℃时开始通风，下午棚温降到20℃时开始闭棚。棚温要求每天保持5小时以上的28～30℃。遇连续阴雨天，中午小放风2小时，开花结果期要放大风，否则，棚温超过30℃以上，植株容易徒长，而引起落花落果。

127. 塑料大棚春茬茄子栽培应怎样培育壮苗?

大棚春季栽培茄子，上市越早，效益越高。但大棚的保温性能有限，定植期受到限制。同期定植，播种期早的，始收期也早，早期产量和总产量也高；但播种过早，往往导致幼苗在苗床内开花，定植后缓苗慢，而且门茄不易坐果；而播种期过晚，苗龄短，秧苗小，难以达到早熟栽培的目的。因此，选择适宜的播种期，培育适龄壮苗，是夺得大棚春季早熟栽培早熟丰产的关键。

适宜的苗龄是以定植时70%以上的植株带大花蕾为标准的。选择播种期时，应根据不同地区和不同育苗方式来确定。一般来说，长江流域地区以10月中、下旬冷床育苗，华北地区（京津）以11月中旬冷床育苗或12月上旬温床或温室育苗，东北地区以1月上中旬温床育苗为宜。床温须18℃左右才可播种，酿热或电热温床均可。床土可选用60%肥沃菜园土和40%腐熟有机肥配制，为促进幼苗生长，可在每立方米培养土中加入过磷酸钙2千克，堆沤腐熟后备用。

茄子育苗主要是温度管理，应增温保温。出苗前闭棚增温，保持棚温28～32℃，地温20～25℃，4～6天即可全苗。齐苗后温度降至25℃，可小通风，或电热温床昼停夜开，控制幼苗徒长。3叶1心时进行分苗。由于茄子根系分枝较少，根木栓化快，最好带坨分苗，以利于缓苗。分苗应在晴天中午，外界气温10℃以上时进行，分苗前床土和苗钵均应提前扣膜升温，起苗时尽量保持根系带土完整，争取日落前1～2小时分苗完毕，扣膜盖草帘保温。分苗后白天25～30℃，夜间20℃左右，促进缓苗。缓苗后，昼温保持25℃左右，夜温15℃左右，定植前1周放风炼苗，并浇水切块蹲苗。

128. 塑料大棚秋延后茄子栽培应怎样培育壮苗？

秋延后栽培茄子，一般在7月底至8月初露地育苗。此时正值高温多雨季节，不利于茄子生长发育。因此，这茬茄子栽培成功与否关键在于培育壮苗。

苗床应选地势高，排灌水方便，3年内未种过茄科作物的土块。由于此时期的气温高，育苗时间短，故只要施入少量腐熟有机肥作基肥。按每立方米床土加200～300千克有机肥，深翻整平做成畦，同时按20～30份床土加入1份药的比例，加入敌克松和代森锌的混合药剂进行土壤消毒，以防发生苗期病害。苗床整平后，浇足底水。播种时按 15 厘米×15 厘米划方块，并将催好芽的种子放在方块中央，每方块放 1～2 粒种子，随即用过筛营养土盖严，盖土厚度 1～1.5 厘米。畦上再插小拱架，上面覆盖遮阳网或纱网以防太阳暴晒和大雨冲洗。

出苗期若床内缺水，可用喷壶洒水，禁止大水漫灌，以防土壤板结，影响幼苗出土和生长。幼苗出土后，要及时中耕、松土，以免幼苗徒长或因苗床湿度大而发病，同时应清除杂草。发现幼苗徒长，可用 0.3%浓度的矮壮素溶液喷洒幼苗。如果幼苗发黄、瘦小，可用 0.5%的磷酸二氢钾和 0.5%尿素混合液在幼苗 2 片叶时进行叶面追肥，促进植株健壮生长，增强抗病能力。苗期要注意防治蚜虫和白粉虱等虫害。喷肥和喷药都要在傍晚进行。

此茬茄子育苗期间温度高，幼苗生长较快，一般不进行分苗，以免伤根而引发病害。当苗龄 40～50 天，有 5～7 片真叶，70%以上植株显蕾时，即可定植。

129. 塑料大棚茄子栽培应如何整地和施基肥？

要选择 3 年以上未种过茄科作物的地块建棚，以防止土传病害的发生。大棚春茄子应于冬前准备好，如果大棚内未种芹菜、秋延迟黄瓜、西葫芦等前茬作物，秋季应将土壤翻挖起来晒土冻垡，并于定植前 20～30 天提前扣膜烤地。如果种过前茬作物，应将棚内残枝病叶等彻底清理干净，以免留下虫源和病菌，同时对大棚进行烟熏消毒处理。大棚秋茄子在前茬拉秧后及时清理田间，最好采用高温闷棚处理，消灭病虫源。

结合翻地，每 667 米^2 施入腐熟农家肥 5 000～10 000 千克，饼肥 150 千克，过磷酸钙（磷肥）20 千克，磷酸二铵 50 千克，深翻 40 厘米。定植前 7～10 天做畦或起垄，畦宽 180 厘米（包括沟），垄宽 50 厘米或 60 厘米，畦或垄高 20～25 厘米。

130. 塑料大棚茄子栽培应何时扣棚和揭棚？

塑料大棚栽培茄子，扣棚膜和揭棚膜的时间对栽培效果影响很大，有时甚至是决定栽培成败的因素之一。

塑料大棚春茬茄子栽培扣大棚时间，在定植前 30～50 天（2 月末至 3 月上旬）或秋季 11 月扣膜空棚越冬。棚膜采用厚度 0.12 毫米的无滴防老化聚乙烯塑料薄膜，每 667 米^2 用量 120 千克。不宜用聚氯乙烯塑料薄膜，因为添加了紫外线吸收剂，会阻碍植物花青素的合成，易出现花茄子或绿茄子，所以不宜覆盖。棚型可选用高 2.5 米，宽 10～12 米，边柱高 1.5 米，有立柱的竹木结构拱圆大棚。随着气温的升高，当旬平均气温在 20℃时可以揭开部分棚膜，当旬平均气温稳定在 25℃以上时可以完全把棚膜揭去。

塑料大棚秋延后茄子栽培的扣棚时间要因地制宜，旬平均气温在 20℃时覆膜，初扣棚时不要扣严，当外界气温下降至 15℃以下时、夜间把棚封严；白天温度高时，可进行短暂通风，不使棚温过高、湿度过大。棚内气温在 15℃以下时不再放风，并在四周围草帘，保温防寒，促进果实成熟。

131. 塑料大棚春茬茄子栽培如何确定定植期和进行定植？

茄子喜温，不耐寒，定植时要求棚内气温不低于 10℃，棚内 10 厘米处地温稳定在 13℃以上。一般来说，东北、西北和华北北部地区，定植期在 4 月上中旬；华北中南部地区，定植期在 3 月中下旬；江南一带定植期在 2 月中下旬。

棚内早春定植，应尽量避免因定植引起棚温的明显降低和难以恢复。可挖穴或开沟定植。浇定根水有两种方法：一是将秧苗栽入定植穴内盖土一半时浇水，把苗坨浇透，水渗下后盖土；二是定植前一天浇水，定植时再补浇少量水。定植深度以土坨稍低于畦面为宜。定植要在上午完成，如果是下午较晚定植的，为防止地温降低，可在第二天上午浇水。有条件的，定植后可再加盖小拱棚保温。

132. 塑料大棚秋延后茄子栽培如何确定定植期和进行定植？

塑料大棚秋延后茄子育苗期间温度高，幼苗生长较快，当苗龄40～50天，有5～7片真叶，70%以上植株显蕾时，即可定植。从生长季节考虑，定植期应保证在棚内出现霜冻低温前，植株上至少能采收2～3层果。

秋延后茄子栽培应选择3年以上未种过茄科作物的棚地。定植前，结合整地做畦，每667米^{2}施入有机肥5 000～10 000千克。定植时，每667米^{2}穴施或沟施复合肥40～50千克。定植应选阴天或晴天的傍晚进行。定植前1～2天苗床内浇足底水，定植时苗子应尽量带土移栽，注意淘汰弱苗、病苗和杂苗，栽后应随即浇压根水，以防秧苗萎蔫。一般早熟品种按40～50厘米行距，中熟或中早熟品种按60～80厘米行距挖穴或开沟，株距一般为40～50厘米。

133. 塑料大棚茄子如何进行棚内温度管理？

塑料大棚内温度的变化随着外界环境温度的变化而变化，但变幅大，变化剧烈，晴天上午升温很快，在密闭情况下可比外界增温20～30℃以上，下午降温也快；在阴天情况下，温度比较稳定，一般都高于棚外，但有时也会出现“逆温”现象。越是晴好天气，大棚的增温效果越好；越是阴冷天气，棚的增温效果越差。棚内温度的日变化和季节变化都很大，即使在寒冷季节的晴天，白天棚内温度也可达50℃以上，但夜间也可能出现冷害甚至冻害温度。因此，大棚内栽培茄子，应精心做好棚温管理。温度管理的主要措施是通风和保温，通风应注意循序渐进，切忌温度高时猛然通风。

茄子定植后缓苗期，要注意保温，定植后5～7天不通风或少通风，白天气温保持28～30℃，夜间为15～18℃，以利提高地温，促进缓苗；缓苗以后至开花结果期，白天气温以25～28℃为宜，夜间15℃以上，土温保持15～20℃。开始采收至盛收期，在温度管理上要比开花结果期高一些。门茄采收后，当外界最低气温达到15℃以上时，6月中旬左右，把大棚膜四周揭起1米高，要昼夜通风。白天气温保持25～32℃，夜间15～18℃。

134. 塑料大棚茄子如何进行棚内湿度管理?

由于塑料薄膜的气密性，棚内空气湿度一般明显高于棚外。土壤水分蒸发也远低于棚外，在同样灌水的情况下，棚内土壤水分将维持更长的时间。在土壤湿润且无地面覆盖的情况下，密闭的棚内湿度夜间经常接近饱和，白天也在60%～70%以上。因此，在茄子栽培中，做好棚内湿度管理，对于茄子的正常生长发育和病虫害防治十分重要。

棚内湿度管理一般主要是降低湿度，主要通过通风排湿，寒冷季节棚内温度低时也可以通过增温降湿。有时需要增湿，主要采取喷水或灌水的措施。在茄子栽培中，如果棚内湿度过大，常采用通风降湿，以对流风排湿最有效。在寒冷季节，棚内每次浇水或打药都应尽量选在晴天上午进行，浇水量要适当控制，浇水后及时排湿。最佳空气湿度的调控指标是缓苗期80%～90%，缓苗后70%～80%。

135. 塑料大棚茄子棚内气体状况如何？怎样管理？

塑料大棚经常是密闭状态，棚内气体状况与外界有很大的差异，尤其是在密闭不通风时差异更大，棚内的空气组成影响蔬菜的生长。在空气中主要有氧气和二氧化碳，还可能有氨气、亚硝酸、一氧化碳等有毒气体。与茄子生长发育关系最密切的是二氧化碳和有毒气体。

二氧化碳是植物光合作用的原料，外界大气中二氧化碳浓度一般十分稳定，约为0.03%，棚内二氧化碳气体的浓度在一天中，白天一般低于外界，夜间则高于外界，其变化与茄子生长发育和产量有密切的关系。在不通风的情况下，棚内二氧化碳昼夜变化很剧烈。一般在上午日出前后，二氧化碳浓度达到最高点，可能达到或接近0.06%，但这个浓度维持的时间很短，随着日出后光合作用的进行，二氧化碳浓度急剧下降，到上午10时前后，光合作用最旺盛，二氧化碳也随之降到约0.01%或更低，这对于茄子的光合作用而言是严重不足的。白天，随着光合作用的进行，二氧化碳浓度继续下降，直至一天中的最低点。傍晚前后，随着茄子光合作用的停止，棚内二氧化碳浓度开始回升，整个夜间持续增加。所以，总体而言，棚内二氧化碳气体是茄子最需要时严重不足，而茄子不需要时稍高。

棚内氨气主要来自于施入土壤中的铵态氮化肥和有机肥，尤其是施肥过量或土壤干旱时，肥料遇到棚内高温会产生大量氨气灼伤蔬菜。亚硝酸气体主要来自施入土壤中的硝态氮化肥和未腐熟的有机肥，一般植株中下部叶片容易受害。棚室加温煤火燃烧不完全或烟道不畅，均会产生大量一氧化碳，对蔬菜都有不同程度的危害。劣质塑料薄膜在使用过程中也会散发出一些有毒气体，并能够侵入植株内部，从而严重影响蔬菜产量和品质。

为了避免有毒气体的危害，要采取一定的措施。首先要适当通风换气，在冬春季节、晴天或久雨低温长期封闭的大棚，应该在中午气温较高时定期打开通风口通风换气。即使下雨天气，也必须做到短时间换气。其次要合理施肥，大棚施肥应以土杂肥为主，追施化肥为辅。施用的各种有机肥必须经过充分腐熟。控制氮肥施用量，增施磷、钾肥。追肥要开沟深施，少量多次，施后盖土浇水。另外要扫除顶棚水滴，减少气害毒源，选用无毒塑料薄膜，棚内用煤火加温时必须有烟囱排烟，煤要充分燃烧。

136. 保护地茄子如何进行二氧化碳施肥？

由于大棚内二氧化碳气体经常不能满足茄子生长发育的需要，所以在茄子栽培中，需要通过二氧化碳施肥来补充二氧化碳气体，满足茄子光合作用的需要。二氧化碳的施肥方法有多种，有钢瓶法、燃烧法、化学反应法、颗粒法等。大棚内一般采用化学反应法和颗粒法。

化学反应法补充二氧化碳速度快，方法比较简单，成本地，又可以定量。具体方法是，在棚内每间隔一定距离挂一小塑料桶，桶内盛工业浓硫酸，或盐酸、硝酸。再按棚内需要补充的二氧化碳浓度计算需要的碳酸氢铵量，装入一塑料袋内，扎口，并剪去一角，使用时投入桶内酸液中即可。释放二氧化碳的时间一般应在晴天上午 9～11 时进行。阴天不施或少施。

颗粒二氧化碳施用操作更简便，持续时间长，易被种植户接受使用。但二氧化碳释放慢，不能与茄子对二氧化碳的需要完全吻合，效果稍差。目前应用的广丰颗粒二氧化碳发生剂，可采用穴埋深施或开沟深施；穴深或沟深为 5～10 厘米，施后盖土，并保持土壤湿润。在土壤中，广丰颗粒二氧化碳发生剂释放出大量的二氧化碳，释放时间长，有效期长达 30 天，气量足，浓度高而稳定，平均每天增施二氧化碳 750 毫克/千克，并可提高土壤有机质含量，具有培肥土壤、改善土壤通透性的作用。广丰颗粒二氧化碳发生剂的使用时期、使用方法及每 667 $米^2$ 施肥量如下：

①在作物开花前开始应用。每 667 $米^2$ 一次需施 40～50 千克，有效期 30 天左右，施肥采用穴埋深施或开沟深施。

②穴埋深施。在畦上每相邻的两株作物之间打穴埋入 2～4 颗广丰颗粒二氧化碳发生剂（根据作物种植密度计算其每穴埋入颗数），穴深 5～10 厘米，盖土。

③开沟深施：在畦上每相邻的两株作物之间开沟，按每 667 $米^2$ 40～50 千克用量条施，沟深 5～10 厘米，盖土。

④施肥期间应保持土壤湿润。

⑤根据作物生长情况及市场价格可连续施肥 2～3 次。

137. 保护地内栽培茄子施肥应注意哪些问题？

茄子保护地生产中，施肥方法通常有土壤施肥和根外追肥等方法。土壤施肥一般包括基肥和追肥，根外施肥主要是叶面追肥。

基肥是在播种前或定植前结合翻地培土施入肥料的方法，它是茄子优质高产的营养基础。基肥足，产量高，产值才大，尤其是有机肥要满园施。基肥比例应占到总施肥量的70%～80%。大棚要产 5 000 千克茄子，必须施有机肥 5 000 千克以上作基肥，不仅可以满足植株生长发育的需要，还可以改良土壤，提高肥力，实现保水、保肥。基肥应以有机肥为主。有机肥的施用方法，通常要看有机肥的腐熟程度和数量而定，腐熟不好而又量大的有机肥，不宜集中沟施，应撒施于地表，结合耕地翻入土壤中；而腐熟较好、数量又少的有机肥，则应集中沟施，如量多也可以一半用于沟施，一半用于撒施，既满足茄子养分需求，又达到培肥土壤的目的。穴施时，必须用腐熟好的有机肥，并且不能施得太多，避免引起烧苗，穴施时还要把肥与土混合均匀。

土壤追肥一般以速效化肥为主，其中以氮肥为主，钾肥次之；追肥还要根据茄子不同的生长发育阶段多次施用，要以少施、勤施为原则。一般每隔 15～20 天追一次肥。一次追肥量过大，不仅不能为茄子所吸收，还会造成烧苗，产生浪费，而且造成土壤盐分浓度过高，妨碍茄子根系生长；硝态氮肥一次施用过多还会引起产品硝酸盐积累。

叶面追肥方法简单易行，用肥量小，肥效快，可提高叶片光合作用和酶的活性，因而可改善根系营养状况，促进根系发育，增强吸收能力，促进植株整体的代谢过程；不受养分分配中心的影响，可及时满足茄子的要求并可避免某些元素在土壤中流失或固定。但根外追肥不能代替土壤施肥。两者各具特点，互为补充，运用得当，可发挥施肥的最大效果。

生产中不可单施一种肥料。经常性的使用一种肥料会造成单一养分过多，引发生理性病害，正确的方法是根据茄子不同生长发育阶段的特点，平衡施肥，各种肥料交替施用。

138. 塑料大棚春茬茄子门茄开花坐果以前如何管理？

此茬茄子定植时，外界气温较低，且天气多变。管理上须加强防寒保温工作。定植后若遇低温寒流天气，要在大棚内再扣小拱棚，小拱棚上再加盖草帘等措施来保温，以尽可能地增加棚内温度，促进缓苗。定植至缓苗前，要闭棚保温，不通风，尽量保持棚内温度在 28～30℃，即使遇上晴暖天气，也不必揭膜通风。定植后，如果棚内温度低，则秧苗缓苗慢。只要棚内气温不超过 40℃，一般不用担心对茄苗造成危害。如果晴天中午棚内温度高，苗子出现萎蔫时，可以放草帘遮花荫，午后苗子恢复正常后要揭帘。阴、雪天气，大棚内温度过低时，要生火加温，但要注意将烟排出棚外。缓苗期间一般不浇水，但要中耕松土，以保墒增温，夜晚温度一般要保持在 15～20℃，不要低于 12℃。缓苗结束的标志是秧苗长出新叶。从定植到缓苗结束，一般需要 5～6 天。缓苗结束后，新叶开始生长。从门茄开花到门茄坐果为始花坐果期，此期间的管理重点是既要让门茄坐稳果，提高早期产量，又要促进植株健壮生长，为中后期产量打基础。在温度管理上，要掌握草帘早揭晚盖，尽量延长光照时间。晴天，白天棚内气温超过 30℃时，要揭膜放风，以排湿、换气、降温，满足植株正常生长的环境条件，减少病害的发生。晚上，维持温度在 15～20℃，以减少呼吸消耗，保证光合产物向果实输送。在肥水管理上，门茄瞪眼前，一般不浇水施肥，以防落花落果。门茄瞪眼后应结合浇水，每 667 米^2 施入人粪尿 500 千克或尿素 20～25 千克。

门茄坐果期间温度较低，茄子的花多数为不健全花，不能正常受精，往往坐不住果。使用激素处理是最有效的解决办法，一般用 0.002％～0.003％浓度的 2,4－D 溶液，按每千克药液加入 1 克速克灵可湿性粉剂，在含苞欲放的花蕾或刚刚开放的花朵上涂抹花柄或蘸花，可提高门茄坐果率，还可防治灰霉病。为防止重复涂抹（蘸花）造成畸形果，可在药液中加入少量红墨水。同时，注意不要将药液溅到茎叶上，以免造成药害。

门茄坐果后，要进行整枝打杈，将门茄以下的侧枝全部打掉，基部的老叶、病叶也要及时摘掉，以减少养分消耗，促进养分集中攻果，改善棚内的通风透光条件，减轻病害的发生与传播。

139. 塑料大棚春茬茄子结果期如何管理？

门茄始收时，外界气温仍然较低，管理重点仍然是采取措施提高棚内温度。此时的棚温应保持在 25～30℃。晴天棚内温度较高时，要及时通风排湿，以减轻病害的发生。

结果初期，棚内一般不浇水。如果棚内干旱，影响植株生长和果实膨大时，可选晴天上午浇水，浇水后在茄子不致受冻害的情况下，要尽可能揭膜通风、排湿，减少棚内膜上水滴的凝聚，增加透光量。结果盛期，外界气温升高，天气转暖，植株需肥、需水量增多，应视天气情况，结合浇水进行追肥。每 667 米^2 施尿素 15～20 千克，磷酸二铵 10～15 千克，或追施人粪尿，每 5～7 天一次，共追肥 5～6 次。此期间，当外界夜间最低气温达到 15℃以上时，就可打开所有的通风口，昼夜放风；当外界气温 22℃以上时，可撤除裙膜，并将棚膜卷高 1 米左右；温度稳定在 25℃以上时可撤除棚膜，或只留顶膜，使大棚呈天棚状。

茄子从开花到果实成熟收获，25～30℃条件下需 20～25 天，且采收越晚，产量越高。但对茄坐果后，由于门茄与对茄争夺养分，如不及时采摘门茄，将会影响对茄膨大。因此，应在对茄瞪眼后开始膨大时采收门茄。

结果期植株生长旺盛，枝叶茂密，影响通风透光，为避免因通风透光不良而发生病虫害，特别要注意整枝打杈，进行植株调整。一般进行双干整枝，即待四母斗茄瞪眼后，在茄子上部留 2～3 片叶摘心，并摘除门茄以下的全部侧枝，以促进茄子早熟，增加早期产量。

140. 塑料大棚茄子无公害栽培的技术要点有哪些？

（1）选择无公害基地　建立无公害生产环境。

（2）培育健壮苗　选用早熟或中早熟、抗病性抗逆性强、品质优、产量高的优良品种。种子播前用 50～55℃温水浸泡 10～15 分钟进行种子消毒。春茄子在加温温室用架床或电热温床育苗，扣小拱棚、挂二层幕，围裙子或草苫子等多层覆盖栽培的，可在 1 月中旬于温室播种。培育 8～9 片真叶展开、株高 18～20 厘米、茎粗 0.5～0.7 厘米、叶片肥厚深绿、70%以上现蕾的大苗定植。

(3) 定植　春茄子在棚内 10 厘米平均地温稳定在 10℃以上、大棚内白天气温达 20℃、夜间最低气温达 10℃以上时开始定植。严格选苗，杜绝病苗进入栽培棚。

(4) 定植后的管理　定植后 5～7 天不通风或少通风，白天气温保持为 28～30℃，夜间为 15～18℃，以利提高地温，促进缓苗；缓苗以后至开花结果期，白天气温以 25～28℃为宜，夜间 15℃以上，土温保持为 15～20℃。定植后 1 周即可缓苗，浇一次缓苗水后，到门茄瞪眼前控制浇水追肥。在门茄瞪眼时，采取膜下浇水一次，灌水后闭棚 1 小时再放风排湿。浇缓苗水后把定植沟锄平，提高地温，促进新根生长。5～7 天再深锄 10 厘米培土成垄。门茄开始膨大时进行整枝。可采用双干整枝，保留门茄下第一侧枝，摘除以下的腋芽。开始采收至盛收期，在温度管理上要比开花结果期高一些。门茄采收后，当外界最低气温达到 15℃以上时，6 月中旬左右，把大棚膜四周揭起 1 米高，要昼夜通风。白天气温保持为 25～32℃，夜间 15～18℃。对茄瞪眼时膜下灌一次水，追肥一次，灌水后闭棚 1 小时，增加温度。中午加大放风排湿，防止高温、高湿引起落花、落果和病害。生长过程中要把门茄以下叶片和病叶、老化叶片及时摘掉。

(5) 施肥灌水要求　选用无公害肥料，禁止使用垃圾废料，控制氮素化肥，尤其是硝态氮素化肥的用量。禁止使用工业污水灌溉。

(6) 病虫害防治　以预防为主，物理防治、生态防治与药剂防治相结合。药物防治首选生物药物，严格控制化学药物的使用。

141. 日光温室早春茬茄子何时育苗？如何育苗？

日光温室早春茬栽培应在 10 月底至 11 月初育苗，每 667

米^{2}用种量40～50克。

在温室中选光照充足、温度较高的位置作苗床，每定植667米^{2}温室需播种约5米^{2}的苗床。营养土可用5份未种过茄果类作物的田园土、4份腐熟的马粪和1份过筛炉渣混合而成。播种床铺土厚5～8厘米，打足底水，再撒播。播后覆盖1厘米厚的营养土，并支小拱棚保温保湿。白天温度保持在25～30℃，夜间不低于18℃；待大部分幼苗出土后即可撤去薄膜并适当降温，白天保持20～25℃，夜间15～17℃。茄子幼苗期易发生猝倒病，可在苗出齐时和子叶展开后分别撒2毫米厚的干营养土，既可降低表土湿度，有效地控制病害，又可起到保墒防幼苗徒长的作用。待真叶吐心时进行间苗，保持2～3厘米的苗间距。分苗一般于2片真叶时进行，每定植667米^{2}需分苗床面积25米^{2}左右。采用营养土块、纸袋或塑料育苗钵分苗。营养土的配制如下：5份菜园土、3份腐熟马粪、2份农家肥。另外每立方米营养土加入50％甲基托布津或50％多菌灵粉剂100克，过磷酸钙2千克，充分混匀。分苗方法有两种：一种是分苗至直径为8～10厘米的营养钵中，这种分苗方法简便易行，利于苗期管理，定植时不易伤根；另一种方法是在畦面上铺8～10厘米厚的营养土，再按8～10厘米株、行距开沟栽苗。栽完浇足底水。分苗后要提高温度，促进缓苗，白天可加盖小拱棚，使温度达到30℃以上，夜间可加盖纸被等，使温度不低于15℃，促进新根发生。水肥管理上，前期温度低，尽量少浇水，如局部秧苗中午出现萎蔫可用喷壶浇水，但勿大水漫灌，以防秧苗徒长。总之，苗期以控为主，定植时秧苗应达到6～7片真叶，茎粗壮，带花蕾。用营养钵育苗的，于定植前10天倒苗一次，扩大见光面积；用营养土块育苗的定植前1周浇一次透水，2天后切坨囤苗，并通风，降低温度进行炼苗。定植前2天，喷一次杀灭菊酯以防蚜虫和红蜘蛛等虫害的传播。

142. 日光温室早春茬茄子何时定植？如何定植？

日光温室早春茬茄子定植时间为2月初，当苗长到6～7片真叶时进行。此时定植正值一年的低温时期，应特别注意温室保温增温。定植前1周将温室内的前茬作物的残株、杂草清理干净，并进行温室消毒。一般用白粉虱烟剂（每667米^{2}用8小袋），可防治白粉虱、潜叶蝇、红蜘蛛、蚜虫等；用45%百菌清烟剂（每667米^{2}用4小盒），可防治真菌病害。每667米^{2}温室施入优质农家肥5 000～6 000千克，复合肥30千克，深翻2遍，使土粪掺和均匀。整平畦面后做成高垄，宽70厘米，高20厘米，间距40厘米，垄背中间开一小沟，覆盖地膜后可用来浇水。每垄定植2行，株距40厘米。先开定植穴，选晴天上午定植。定植后用土将穴口盖严，然后通过膜下暗灌浇定植水。控制灌水量，防止灌水过多降低地温。

143. 日光温室秋冬茬茄子何时育苗和定植？如何育苗？

日光温室秋冬茬茄子一般6月中旬播种育苗，苗龄60～70天，8月下旬定植。

选择通风良好、地势高、能灌能排的地方做苗床。每667米^{2}用种量50～75克。播前灌透水，每钵点3粒种子，呈一字形。钵与钵之间的一字要基本保持平行一致。播完后，上覆一层1～1.5厘米厚的过筛细土，苗钵上面用地膜覆盖，以防芽干。播后一般6～7天小苗即出土，10天左右可全苗。待苗齐后在傍晚或清晨揭去地膜。如苗钵土太干，用喷雾器喷一遍小水。苗钵里呈一字的3株苗最好留中间的，把两边的用手轻轻拔去。如中间的未出或苗势太弱，则剔除，在两边选一株最好的留下。然后把所有留边苗的苗钵挪到一起，苗要靠一边，留中间苗的苗钵放在一起。这样，使苗与苗之间的距离基本一致，挪动过的苗钵底部要浇点水，钵与钵之间的缝隙用土填满。然后用竹片做成小拱棚，上覆盖天膜和遮阳网。小拱棚顶部与苗钵之间的距离不少于 30 厘米，以防芽干和灼伤。当第一片真叶顶心时，要在小苗周围撒一层细潮土，覆土时小苗不要有水珠，否则土会粘到小苗上。第二片真叶顶心时，要注意预防苗期病虫害的发生，及时清除杂草。整个苗期，由夏转到秋，气温由高到低，所以秧苗前期必须防强光、控水防徒长。浇水原则是宁干勿湿，蹲好苗。如果遇到雨天，要及时排水防涝。随秧苗的长大，逐渐揭膜增加光照，最后把小拱棚全部撤去。

定植时选择阴天或傍晚突击进行，株距 35 厘米，把苗坨栽在沟里，定植完毕浇透水，水渗下后封沟。

144. 日光温室茄子如何整地和施基肥？

前茬收获后，将残枝落叶清除干净，土地深翻 30 厘米左右进行晾晒。做垄前要把土壤耙细。整地同时把事先准备好的农家肥、化肥施进去。一般是把肥料平铺扬到地里，浅翻一次，将农家肥、化肥和土壤充分搅拌在一起，耙平、耙细。地整好后做垄，采用大垄双行，大垄宽 1.2 米，垄上定植双行，小行距30～33 厘米。

整地时基肥要施足，一般施用农家肥多为腐熟的鸡粪，每 667 $米^2$ 施 5 000 千克，或腐熟的家畜粪，每 667 $米^2$ 施 7 500 千克。不论施用何种农家肥，一定要充分腐熟。施肥方法上，农家肥平铺均匀撒开，然后翻耙，使肥料与土壤混拌均匀，磷酸二铵在垄上开沟施用，与土充分拌匀。

145. 日光温室茄子栽培中，保温、增温和降温的措施有哪些？

茄子生育期适温为24～30℃，而育苗期、定植缓苗期和开花坐果期等不同的生长阶段对温度的要求有所不同。在栽培管理中，经常需要保温和增温，有时需要降温。

日光温室的保温措施有，尽量提高温室的采光率，如选用透光率高的薄膜和经常清洁薄膜；增加温室夜间保温覆盖物（草帘）；夜间采用多层覆盖；设置防寒沟等。

日光温室的增温措施主要是加温。可以采用水暖、火道等永久性加温措施，也可以采用地热线、空气加温线、木炭火盆等临时加温措施。或者结合补光，选择具有热效应的灯光增温。

日光温室茄子栽培的温度管理虽然以增温保温为主，但温度过高植株也不能正常生长，需要采取降温措施，尤其要降低夜间的温度。育苗时如果采用电热温床加温的，可以通过电热温床的昼停夜开达到降温的目的。通常棚内可以采用通风降温，根据降温要求设置和开放通风口，可通底风、通顶风、通边风、交错变换通风口等；也可以通过草帘子的早揭晚盖进行降温；或采用遮荫降温的措施。一般，每遮荫20%～40%，可以降温2～4℃。

146. 日光温室茄子栽培中，怎样进行光照条件的管理？

茄子对光照条件要求严格，需要较强的光照，光饱和点约4万勒克斯，寒冷季节栽培经常光照不足，需要增加光照。但在刚定植后，或进入夏季强光季节，有时也需要降低光照强度。

日光温室反季节茄子栽培中，温室内光照比较弱，需要增加光照强度和光照时间。增加光照强度的主要措施有，选择优质薄膜，经常除去膜上的污物，尽量提高棚膜的透光率；在茄子进入结果盛期后，在温室内后墙上设置反光膜，增加后排光照强度；必要时可进行人工补光。据测定，1 月至 3 月份，中午距反光幕后 1 米处和 2 米处，60 厘米空中照度增光率分别为 20.8％和 2.3％，一般提高温度 2℃左右，5 厘米深地温明显增高。张挂反光幕后，由于温度高、光照强，靠近反光幕的秧苗中午容易出现暂时萎蔫现象，应多浇定植水，气温超过 35℃时应从顶部进行放风。连续阴雨天气，光照严重不足，发现叶片色泽变淡时，应增设光照器具，增加光照。

温室内光照时间的管理，主要通过揭盖保温覆盖物的时间来调节。一般天气里，早晨日出半小时后揭去覆盖物，下午在保证室内气温的条件下，尽量延迟覆盖，以获取最大限度的光照时间。另外可以通过人工补光增加光照时间。

降低温室光照强度的主要措施是遮光。可以用草帘、苇箔等遮光，现多用遮阳网遮光。遮阳网有不同遮阳率的规格，可以根据遮光需要选用。

147. 日光温室茄子栽培中，怎样进行人工补光？

日光温室茄子栽培中，一般在寒冷的冬季，当遇到连续阴天时，往往需要进行人工补光。人工补光的光源主要是电光源。一般要求电光源有一定的强度，在作物层可以达到光补偿点以上、光饱和点以下；光强度有一定的可调节性；有一定的光谱能量分布。

目前生产商可以使用的补光灯有：普通白炽灯、荧光灯、高压水银灯、金属卤化物灯、氙灯等。白炽灯最便宜，主要光源为红橙光，热效应明显，但发光效率低，灯泡寿命约 1 000 小时。荧光灯成本较高，但发光效率高，主要光源接近日光，灯管寿命约3 000小时。高压汞灯成本偏高，主要光源为蓝绿光和紫外辐射，发光效率较高，灯泡寿命约5 000小时。金属卤化物灯成本高，但发光效率高，灯泡寿命长，主要光谱为蓝绿光和红橙光，适合植物生长需要。

148. 日光温室茄子栽培中，环境湿度和土壤水分怎样管理？

日光温室内空气湿度经常高于外界，在茄子栽培过程中，环境湿度管理主要是降低湿度。主要措施是通风降湿，此外还可以采取地膜和地面覆盖、采用滴灌等局部灌水措施、撒草木灰和放生石灰吸湿等措施。但在定植后缓苗期间，需要增湿保湿，主要措施是浇水后密闭棚膜，也可喷雾加湿。

在日光温室茄子栽培中，采取以上综合措施，缓苗期保持空气相对湿度75%～80%，开花结果期棚内空气相对湿度控制在60%～70%的适宜范围，以减轻病害。每次灌水后及时通风降湿，使空气湿度迅速降低到茄子适宜范围和不易发病的安全范围。

茄子对水分要求严格，整个生育期都要求有充足的水分供应。定植时要浇足定植水，水渗下后再栽苗、盖土。定植水浇后一般不再浇缓苗水，然后中耕蹲苗，到门茄瞪眼时结束蹲苗，增加水分供应，促进果实的膨大。进入盛果期以后，7～10天一水，经常保持土壤湿润。

149. 日光温室茄子栽培中的灌水技术有哪些？

日光温室内的灌水方式因栽培季节、栽培条件、栽培对象、作物的生育时期等而不同。一般有明沟灌水、地膜覆盖、膜下沟灌、滴灌、渗灌等。明沟灌水灌水量大，灌水均匀，适宜于温度较高、通风较多的季节和茄子盛果期的灌水。地膜覆盖、膜下沟灌方式为局部灌水技术，适合于低温季节栽培茄子，这一季节通风少，膜下沟灌既可以满足茄子生长发育对水分的需要，又可以控制灌水蒸发而增加空气湿度，有利于防病，成本低，经济实用，是茄子日光温室栽培采用的主要灌水形式。滴灌、渗灌等技术可按茄子生长发育需求合理的供给水分，而且可以有效地降低环境湿度，但一次投资大。

采用地膜覆盖、膜下灌水的茄子，定植后盛果前一般只浇膜下沟，即暗沟。盛果期以后则暗沟明沟一起浇，或交替浇。

150. 如何进行茄子的剪枝再生栽培？

茄子剪枝再生栽培技术是在头茬茄子生产结束前或结束后，利用主干中、下部新生的侧枝再次发棵并开花结果的技术。

茄子再生栽培，应选用生长势旺盛，分枝性强，耐寒、抗病和商品性好的中晚熟品种。如紫阳长茄、济农长茄1号等。茄子再生栽培按再生枝在植株上的高低位置不同，分为中部再生和下部再生两种形式。中部再生是在植株的中部选留再生枝，再生枝的位置比较靠上，生长势较强，发棵早，生长快，同时，再生枝上的花蕾质量比较好，结果早，坐果率较高。另外，植株上部的光照条件比较好，有利于果实生长，果实品质比较优良。如果是进行短时间的再生栽培，应选择该种再生形式。下部再生是在植株的下部选留再生枝，一般是从门茄下的主茎上选留再生枝。下部再生枝栽培空间比较大，栽培时间较长，易于获得高产。如果是通过再生技术进行加茬栽培时，则应选择下部再生形式。

再生栽培技术管理的核心是通过剪枝和剪枝后加强肥水供应等措施，促使已趋于衰弱的植株发生新壮芽，生成新侧枝，重新形成旺盛的植株，并再次出现结果盛期。

温室茄子连年高产栽培的适宜再生时间为8月下旬至9月中旬，每年剪枝一次。一般春季生产结束后，不再留果，也不再整枝，使植株修养、复壮。剪枝最好用果枝剪，剪成斜茬，剪后在剪口上涂抹500倍的50%多菌灵或甲基托布津药液，防止伤口被病菌侵染。在茄秧全部剪完、伤口干燥后，抹上铅油，能防止伤口失水，提高成活率。剪枝时，从主干距离地面15～20厘米处，将上部枝条剪掉。将剪下的枝条连同杂草等清理出温室，后追肥浇水，促发新枝，但必须注意剪口下留足2～3个已萌发的嫩芽。如果下部暂时无萌发的嫩芽，应分两次剪枝，先从对茄以上10厘米处剪枝，待下部发出芽后，再进行第二次剪枝，否则，部分植株会因无法吸收和输送养分而干死。茄子剪枝后一般出芽率在80%～90%，每667米^{2}留苗数以3 000株左右为好。茄秧过密、枝叶繁茂、受光条件不好，极易造成虫害及部分果实的生理病害，如空洞果和白化果等，降低产量和效益。

植株修剪后，为促其加快发生新芽，生长新侧枝，要及时进行中耕松土，培土施肥。用锄头将栽培垄两侧和中间充分翻松一次，然后，每667米^{2}在垄中间暗沟内埋施优质农家肥3米^3，尿素20～30千克，硫酸钾10～15千克，然后培土，培20厘米高的栽培垄，并浇一次大水。

再生枝一般斜向上生长，应及早吊秧固定。另外，由于不同植株再生枝发生的时间早晚不同，植株的高度也不相同，应根据植株的生长情况及时调节植株的生长势，防止植株间高度差异过大，保持田间生长整齐。

植株修剪后1个月左右，茄子就可开花结果。当有50%的植株见果后，肥水齐供。10～15天浇一次水，隔一水追一次肥，每次每667米^{2}冲施尿素20～25千克，磷酸二氢钾5千克，后期注意追施硫酸钾，还可叶面喷施磷酸二氢钾及糖醋液，防止植株早衰，其他管理同常规栽培管理措施。

（四）间作套种技术

151. 茄子可与哪些作物套作？

前茬作物生长后期在其行间或株间种植后茬作物，两种作物存在一定的共生时间，这样的栽培方式称为套作。合理的蔬菜套作能够使两种或两种以上不同生态特征的作物，发挥其种间的互利因素，形成一个良好的复合群体，充分有效地利用土地、气候资源，争取农时，提高复种指数，增加蔬菜年总产量，并有利于蔬菜多品种均衡供应。为了避免套作作物之间相互争夺养分、水分及阳光的矛盾，茄子一般可与春白菜、育苗油菜、银条菜、早熟甘蓝、洋葱、韭菜、大蒜、莴笋、空心菜、苋菜、西瓜等矮生蔬菜隔畦套作，其生长后期还可以和一些高秆棚架的作物如丝瓜、黄瓜或秋芹菜、越冬菠菜等套作。

以春季栽培茄子为主，常见的间作套种方式有：春白菜、育苗油菜→中、晚茄子→栽秋芹菜、播越冬菠菜；早熟春茄子→夏小白菜→秋萝卜等。

以秋季栽培茄子为主，常见的间作套种方式有：越冬菠菜、芹菜、莴苣→茄子→直播大白菜、萝卜（或育苗移栽白菜、芹菜）；越冬菠菜、芹菜、莴苣→茄子延后栽培→大蒜、越冬菠菜等。

152. 茄子可与哪些作物间作？

两种或两种以上的蔬菜隔畦或隔行、隔株同时有一定规律地种植在同一块土地上，称为间作。在进行间作的时候要遵循间作的原则进行。如茄子株型比较高，可以选择和矮生植物进行搭配，以解决复合群体高度密植的通风透光问题，因此在栽培茄子的时候一般可与早熟甘蓝、洋葱、韭菜、大蒜、莴笋等矮生蔬菜隔畦间作。茄子属于深根性作物，要和浅根性作物进行搭配，以便合理地利用土壤养分与水分，如苋菜、落葵、菠菜、小白菜等根系比较浅的作物。它们相互间作可充分利用土壤中不同层次的养分，合理利用地力，增加生物总产量。茄子需强光照，就要和一些要求中等光照的作物如草莓、白菜类、甘蓝类、葱蒜类或弱光照的作物如莴笋、菠菜、茼蒿、苋菜、芹菜进行搭配。

五、采收及采后处理技术

153. 茄子果实采收的标准是什么?

茄子果实达到商品成熟时要适时采收，不但品质好，而且不影响上部果实的发育。采收标准依据果实萼片下面一段果皮颜色特别浅的部分，这段果皮越长，说明果实正在生长；以后随着果实生长，这段果皮逐渐缩短，至其颜色不显著时应及时采收。如采收过早会影响产量，过晚则果实内种子发育耗掉较多养分，不但造成果实品质下降，还影响上部果实生长发育。一般茄身长势过旺时应适当晚采收，长势弱时应早采收。

茄子采收的时间以早上为宜。早上采收的茄子含水量大，果皮光泽好，茄子本身温度又低，蒸发量小，上市时耗损相应少些。特别是长途运输，更应注意这一点。

另外，还要注意茄子采收的方法，因萼片上有刺又比较坚硬，稍不注意就会扎破手指。采收时可用剪刀剪，或抓住茄子猛往上提，但绝不能抓住茄子往下拉。否则，会把茄果从萼片处拔掉，影响上市的产品质量。

154. 门茄采收的原则是什么?

门茄是茄子植株上的第一个果实，门茄采收时期不仅取决于果实的成熟度，而且要看植株的生长和开花坐果情况、茄子市场价格情况等。

从植株生长和开花坐果情况考虑，当植株营养生长不良，呈现植株矮小，叶片小，开花坐果多时，根据茄子商品果实成熟度的一般要求，应尽量提早采收门茄，以减少与茎叶生长的营养竞争。当植株生长过旺，茎秆细长，叶薄而小，呈现徒长现象时，在不丧失果实商品性的前提下，应适当延迟采收门茄，以平衡营养生长与生殖生长的矛盾。

在植株生长和开花坐果正常的情况下，门茄采收时期主要取决于市场价格及其变化趋势。为提高茄子的经济效益，在市场价格好的情况下，门茄商品果可以稍嫩采收。适期采收门茄，既可早上市卖好价，又可防止果实与植株上层果争夺养分，导致坠秧。

155. 茄子盛果期采收的原则是什么？

茄子盛果期营养生长与生殖生长比较协调，果实采收主要依据果实成熟度和市场价格确定。茄子始收后，一般 7～10 天采收一次，到盛果期 3～5 天采收一次，连续结果性强的早熟品种，盛果期可 2～3 天采收一次。

盛果期茄子果实采收应在早晨，用剪刀剪断果柄，避免损伤植株。

156. 无公害茄子产品标准有哪些规定？

无公害茄子产品标准包括外观指标和卫生指标两方面。外观指标要求茄子产品新鲜，成熟适中，大小均匀，无畸形、病斑、虫斑，色泽光亮。

无公害茄子产品卫生指标要求产品中有毒有害物质残留控制在国家标准规定限量范围内。即无公害茄子产品中不含有国家禁用的高毒、高残留农药，其他农药残留量不超标；无公害茄子中硝酸盐、亚硝酸盐含量以及铅、镉等重金属含量不超标。具体指标如下：甲胺磷、甲拌磷、氧化乐果、甲基对硫磷、呋喃丹等均不得检出，百菌清≤1.0毫克/千克，多菌灵≤0.5毫克/千克，汞（以Hg计）≤0.01毫克/千克，铅（以Pb计）≤0.2毫克/千克，砷（以As计）≤0.5毫克/千克，氟（以F计）≤0.5毫克/千克，硝酸盐（以$NaNO_3$计）≤600毫克/千克，亚硝酸盐（以$NaNO_2$计）≤4毫克/千克。

157. 无公害茄子产品包装和运输有哪些要求？

无公害茄子的包装应采用符合食品卫生标准的包装材料；有包装袋的无公害蔬菜的标签标志应标明产品名称、产地、采摘日期或包装日期、保存期、生产单位或经销单位、经认可的无公害蔬菜标志；无公害茄子的运输应采用无污染的交通运输工具，不得与其他有毒有害物品混装混运；运输途中严防日晒、雨淋，注意通风散热，并应小心轻卸，严防机械损伤。

158. 无公害茄子产品的标志是什么？它代表什么含义？

无公害农产品标志由橙色和绿色组成。无公害农产品标志主要由麦穗、对勾和无公害农产品字样组成，标志整体为绿色，其中麦穗和对勾为金色。

绿色象征环保和安全，金色寓意成熟和丰收，麦穗代表农产品，对勾表示合格。标志图案直观、简洁、易于识别，涵义通俗易懂。

无公害茄子产品应采用无公害农产品的标志。

159. 绿色茄子产品的标志是什么？它代表什么含义？

绿色食品标志由 3 部分组成，即上方的太阳、下方的叶片和中心花蕾，分别代表了生态环境、植物生长和生命的希望。标志图案为圆形，颜色为纯绿色，意为保护、安全。

绿色茄子产品采用绿色食品的标志。

160. 有机茄子食品的标志是什么？它代表什么含义？

有机食品标志采用人手和叶片为创意元素。使人可以感觉到两种景象，其一是一只手向上持着一片绿叶，寓意人类对自然和生命的渴望；其二是两只手一上一下握在一起，将绿叶拟人化为自然的手，寓意人类的生存离不开大自然的呵护，人与自然需要和谐美好的生存关系。有机食品概念的提出正是这种理念的实际应用。人类的食物从自然中获取，人类的活动应尊重自然的规律，这样才能创造一个良好的可持续的发展空间。

有机食品标志图案整体为圆形，代表地球，养育着包括人类在内的一切生物；人类维持生态平衡和生存环境，呵护地球。中间空白为变形的“o”、“f”，即有机食品英文 organic food 的缩写。图案为绿色，有有机食品和合格有机产品的白色字样。

有机茄子产品采用有机食品的标志。

161. 如何申报无公害茄子产品认证？

申报无公害农产品标志的程序是，申请人向县农业行政主管部门提交申请书→省农业厅产地认定→产品认证→农业部颁发证书。

凡按照国家已颁布的有关农业行业标准进行无公害产品生产并获得无公害农产品产地认定有效证书的单位（公司、事业单位）和个人均可申请产品认证。

申请产品认证的单位和个人，可以通过县（区）、市（地）、省级农业行政主管部门逐级上报，或直接向农业部农产品质量安全中心申请产品认证。但为方便于认证资格审查，加强产品认证与产地认定的衔接，原则上应由县级农业行政主管部门归口单位统一组织、申报和提出推荐意见。

申报产品须在农业部、国家认证认可监督委员会发布的《实施无公害农产品认证的产品目录》内。

申报产品要集中连片，有一定生产规模。

产品合格者，农业部颁发证书。

162. 如何申报绿色茄子产品认证？

申报绿色食品标志的基本程序是，申请人向省绿色食品办公室提交申请书→产地环境检测→产品质量检测→中国绿色食品发展中心颁布证书。

申请企业向省级绿色食品办公室提交正式书面申请，并填写《绿色食品标志使用申请书》、《企业生产情况调查表》。

省级绿色食品办公室将依据企业的申请，派人到申请的企业进行实地考察，如考察合格，省绿色食品办公室将委托定点的环境监测机构对申报产品或原料基地的环境（大气、土壤和水）进行监测和评价。

省绿色食品办公室的标志管理人员将结合考察情况及环境监测和评价的结果对申报材料进行初审，并将初审合格的材料上报中国绿色食品发展中心。

中国绿色食品发展中心对上述申报材料进行审核，并将审核结果通知申报企业和省绿色食品办公室。合格者，由省绿色食品办公室对申报的产品进行抽样，并送往定点的食品监测机构依据绿色食品标准进行检测。不合格者，当年不再受理其申请。

中国绿色食品发展中心对检测合格产品的检测报告及全部材料进行终审。终审合格的申请企业与中国绿色食品发展中心签订绿色食品标志使用合同。不合格者，当年不再受理其申请。

中国绿色食品发展中心对上述合格的产品进行编号，并颁发绿色食品标志使用证书。

申请企业对环境监测结果或产品检测结果有异议，可向中国绿色食品发展中心提出检测仲裁申请，中国绿色食品发展中心委托两家或两家以上的定点监测机构对其重新检测，并依据有关规定做出裁决。

163. 如何申报有机茄子产品认证？

申请者向国家中绿华夏有机食品认证中心提出正式申请，填写申请表和交纳申请费。国家中绿华夏有机食品认证中心核定费用预算并制定初步的检查计划。

申请者交纳申请费等相关费用，与国家中绿华夏有机食品认证中心签定认证检查合同，填写有关情况调查表并准备相关材料。

国家中绿华夏有机食品认证中心对材料进行初审并对申请者进行综合审查。

国家中绿华夏有机食品认证中心在确定申请者已经交纳颁证

所需的各项费用后，派出经认证中心认可的检查员，依据《有机食品认证技术准则》，对申请者的产地、生产、加工、仓储、运输、贸易等进行实地检查评估，必要时需对土壤、产品取样检测。

检查员完成检查后，编写产地、加工厂、贸易检查报告。

国家中绿华夏有机食品认证中心根据申请者提供的调查表、相关材料和检查员的检查报告进行审查评估，编制颁证评估表，提出评估意见提交颁证委员会审议。

颁证委员会对申请者的基本情况调查表、检查员的检查报告和认证中心的评估意见等材料进行全面审查，做出是否颁发有机食品证书的决定。

根据颁证委员会的决议，向符合条件的申请者颁发证书。获证申请者在领取证书前，需对检查员报告进行核实盖章，获有条件颁证申请者要按认证中心提出的意见进行改进，做出书面承诺。

164. 茄子简易贮藏的方法有哪些？

茄子简易贮藏主要有以下方法：

（1）沟藏、窖藏法　选择地势高、排水好的地方挖贮藏沟，沟东西走向，深1.2米、宽1米、长3米，顶部先盖6.7厘米厚的秸秆，再盖10厘米干土，一端留出入口。也可用窖藏。

（2）塑料袋（帐）气调贮藏法　用40厘米长、30厘米宽的聚乙烯塑料袋，两侧打5个直径5毫米的小孔，每袋装入4～5个茄子，折口或扎口贮藏。

在常温20～25℃以下的库房里，用塑料帐气调贮藏，帐内氧气含量为2%～5%、二氧化碳含量为5%，可贮藏30天。

（3）化学贮藏法　为减少茄子发生腐烂或萎蔫，北京市农林科学院蔬菜研究中心曾用苯甲酸洗果，单果包装，温度控制在

10～12℃，贮藏 30 天好果率可达 80%以上。

(4) 涂膜贮藏法　用涂料涂在果柄上，可达到控制呼吸强度、防腐保鲜、延缓衰老的目的。涂料的配制方法：10 份蜜蜡、2 份酪朊、1 份蔗糖脂肪酸酯，混合均匀呈乳状液；70 份蜜蜡、20 份阿拉伯胶、1 份蔗糖脂肪酸酯。混合均匀加热至 40℃，即成糊状保鲜涂料。

165. 茄子有哪些加工产品？

茄子常见的简易加工产品有：

(1) 茄子干　将新鲜无病且幼嫩的茄子洗干净，整个放入蒸锅中蒸至八分熟，然后取出晾凉，将其撕成细条，稍撒精盐或不放盐，然后放在通风干燥处迅速晾干，待干透后放入聚乙烯袋中，置凉爽干燥处贮藏。食用时，温水浸泡 1 小时，沥干水分，炒肉佐餐、炖肉，风味独特。

(2) 速冻茄子　将无病无损的茄子洗净、蒸熟后晾凉，放入聚乙烯袋中，在－18℃下可以保存 6 个月。其味与鲜茄子相仿，食用方便。

(3) 茄子蜜饯　将新鲜茄子去皮、去茄把，切块，放入 2%的食盐水中浸泡 4～6 小时后，放入煮沸的开水中热烫，当茄子煮至八九成熟时立即捞出，放入凉水中冷却，冷却后放入 0.2%～0.25%的亚硫酸氢钠溶液中浸泡 8～12 小时。每 50 千克茄子块用 30 千克糖腌渍 24 小时后，再加糖 10 千克，再腌渍 24 小时。将糖渍茄子液滤出，在锅中加热溶化并加入适量的饴糖煮沸，将糖渍的茄子块放入锅中煮沸 5～8 分钟，捞出茄子块沥净糖液进行烘晒，半干时将其放入加热至沸的原糖液中煮沸，移入缸中浸泡 24～28 小时。捞出用糖煮好的茄子块，沥干糖液，均匀地摆放在烤盘中，放入烘箱，在 60～70℃下烘烤 12～18 小时。当烘烤至茄子含水量在 18%～20%、用手摸茄子块不粘手时即可出炉。烘烤过程中要及时通风排湿 3～5 次，每次 15 分钟，并倒盘 1～2 次，以便干燥均匀。从烤炉取出的茄子蜜饯应放于 25℃左右的室内回潮 24～36 小时。然后进行检验和整修，去掉脯饯上的杂质、斑点及碎渣，挑出煮烂的、干瘪的、色泽不好的茄子块，合格茄子块用无毒塑料袋包装、装箱、入库。

（4）茄子色素　茄子色素安全性高，无毒，对光热稳定性好，对蔗糖、葡萄糖、糖精钠稳定，颜色不发生变化。耐一定的氧化性，常见金属中除 Fe^{3+} 外，其他离子对该色素无明显影响。可广泛用于食品，作饮料、糖果的着色剂。

茄子色素的加工方法是，将洗净的茄子削皮，果肉作菜用，取下的茄子皮捣碎，放入到 2 倍 60～80℃热水中浸 1～1.5 小时，过滤，滤渣作饲料，取过滤浸提液，浓缩、干燥即成茄子色素产品。

六、生长发育障碍及其预防

166. 茄子经常出现哪些生理障碍？

茄子常见的生理障碍主要是由环境中不适合的化学或物理因素直接或间接引起的。化学因素主要包括营养元素的不足、比例的失调或过量；空气、水和土壤的各种污染；化学农药的药害等。物理因素主要包括气温、土温的过高过低或骤然改变，土壤或空气水分过多或过少，肥料的不合理使用，光照强度或光周期的不正常变化等都可引起茄子各种生理性病害的发生。化学因素引起的茄子生理性障碍有落花、落果、落叶，嫩叶黄化，顶叶凋萎，枯叶症，顶芽弯曲等；物理因素引起的茄子生理性障碍有沤根，僵裂果，双身茄，紫色茄子着色不良等。近年来，尤其随着保护地栽培措施的增多，茄子生理障碍常有发生。

167. 茄子沤根有哪些表现？其原因是什么？如何防止？

茄子沤根主要在苗期发生，成株期也有发生。沤根的主要症状表现为根部不长新根，根皮呈褐锈色，水渍腐烂，地上部萎蔫易拔起，日久后幼苗或植株死亡。

沤根的主要原因是温度低、湿度大，造成根压小、吸水力差。沤根在保护地栽培时更容易发生。

防止沤根的方法有：

①苗期和温度低时不要浇大水，最好采用滴灌等方式浇水。

选晴天上午浇水，保证浇后至少有2天晴天。

②加强壮苗的培育，促进根系生长。

③如果是保护地栽培，就要按时揭盖草苫，阴天也要及时揭盖，充分利用散射光，增加气温及地温，增加光照。

168. 茄子低温冷害有哪些表现？如何防止？

（1）低温冷害的症状有

①苗期受害，叶缘干枯；严重时植株枯死。

②成株受害，叶片边缘或两叶脉间叶肉呈黄绿色，后变为黄铜色至干枯。

③果实畸形，幼果生长期拉长，不膨大，果皮发硬，果肉、心室与皮层分离，严重时维管束呈褐色，味苦。

④根毛变褐，无新根，无新花蕾，生长缓慢或停止生长。

（2）原因　茄子性喜高温且要有充足的光照条件才能健壮生长，若在开花结果期遇低温，特别是在严冬季节遇长时间低温（白天18～20℃，夜温8～10℃），或遇长期阴雨（雪）天气，短期阴雨天气时夜温低于10℃，茄子授粉受精不良，叶片、生长点及根部都容易受害。

（3）预防措施

①晴天定植。保护地或早春露地茄子，应选在晴天定植，利于早扎根，提高抗寒力。

②防寒保温。保护地采用多重覆盖、增加保温设施及增加光照，如采用保温被、纸被等作外层覆盖，室内夜间挂保温幕、加地热线，挂反光幕、常清洁棚膜等措施。

169. 茄子日烧有哪些表现？其原因是什么？如何防止？

（1）茄子日烧的症状表现为　果实向阳面首先出现白色或浅

褐色斑，以后逐渐扩大，组织坏死，呈淡黄色或灰白色革质化，日烧斑部易感染病害，长出霉层或腐烂。

（2）发生原因　主要是栽植过稀或管理不当，使果实暴露在强光下，或在保护地栽培时棚膜上水滴滴在果实上，经阳光照射后聚光吸热，致使果皮细胞灼伤。当土壤干旱或空气干热时易发病。

（3）预防措施

①选用早熟或耐热品种，如济南小早茄、长茄1号等。

②合理密植，实行宽窄行定植，加强肥水管理，喷施微肥或激素。如叶面喷施促丰宝液肥600～800倍液，或植宝素2 500倍液，促使植株枝叶茂盛。用15%的粉锈宁500倍液喷雾，防治早期落叶病。

③合理进行枝叶调整，适当保留枝叶量。

170. 茄子畸形花的症状表现是什么？有哪些原因？如何防止？

（1）症状表现　茄子的花按花柱长短分为长柱花、中柱花和短柱花。长柱花开花时雌蕊柱头突出，高于花药，容易授粉，为健全花；中柱花柱头与花药齐平，授粉率比长柱花低；短柱花花朵小，花梗细，柱头低于花药，授粉的几率很小，为畸形花。大部分短柱花开花3～4天后从离层脱落，不能正常结果。

（2）发生原因　在高温条件下，尤其夜温过高且伴随干旱的条件下，雌蕊发育不良，易形成短柱花。幼苗期光照弱，幼苗徒长，使花芽分化和开花期延迟，也会增加畸形花率。另外，缺氮会延迟花芽分化，减少开花数量，尤其在开花盛期，氮、磷不足易产生畸形花。

（3）预防措施

①茄子播种后应注意保温，苗期白天温度保持在20～25 ℃，

夜温 17℃左右，尤其是地温保持在 15℃以上能缩短育苗时间，促进花芽分化。

②苗床土应肥沃，速效性氮肥应保持在 100 毫克/千克以上。

③进行人工授粉，或者用 30～50 毫克/千克防落素喷花，可有效防止落花。

171. 茄子乌皮果的症状表现是什么？有哪些原因？如何防止？

（1）症状表现　茄子乌皮果又叫素皮茄子，果皮颜色不鲜明，无光泽，木炭状。一般从果实顶端开始发乌，严重时整个果面失去光泽。乌皮果的果皮弹性不好，果实含水率比正常果低，有些果实变短呈灯泡形，失去商品价值。

（2）发生原因　主要是水分不足引起的，若果实膨大期缺水，则影响果皮细胞正常发育，使表皮变厚，果面不平滑，看起来发乌。另外叶片大、生长发育旺盛的植株在高温干燥时也会增加乌皮果的发生率；越冬栽培的茄子在 4 月份以后，中午高温时大量通风，容易产生乌皮果。幼果基本无乌皮现象，一般在开花 15 天以后果实才会部分发乌，收获期易产生全乌果。

（3）预防措施

①合理灌溉，缓苗至采收初期适当控水，防止徒长，开始采收后适当加大灌水量，以提高茄子的产量和品质。

②深翻土地，增施有机肥，促根系生长、植株茂盛。

③采用嫁接育苗技术，扩大根系分布范围，减少病虫害的发生。

172. 茄子主要营养元素的缺素症状表现是什么？有哪些原因？如何防止？

土壤营养元素过剩或不足均会造成茄子生理障碍，尤其是营养不足时危害很大，影响其正常生长。

缺氮时叶色变淡，老叶黄化，严重时干枯脱落，花蕾停止发育，变黄，心叶变小。主要原因有土壤氮素含量少；或者土壤含水量大，影响了有效氮的转化；或者氮肥施用不均等。栽培时要避免积水，多施优质农家肥做基肥。缺氮时及时补充硝酸铵、尿素等速效氮肥。

缺磷时茎秆细长，花芽分化和结果期延长，叶片变小，颜色变深，叶脉发红。主要原因是土壤酸性大，磷被铁、镁固定，无法吸收或者地温低，土壤湿度大，氮肥施用过多阻碍了茄子对磷的吸收。栽培时要多施磷酸二铵和过磷酸钙等磷肥做基肥。或者向叶面喷施0.2%的磷酸二氢钾或0.5%的过磷酸钙溶液。

缺钾肥时心叶变小，生长慢，叶色变淡，逐渐发展到叶脉间失绿，出现黄白色斑块，叶尖叶缘渐干枯。主要原因是土壤含钾量少，钾肥施量不足；地温低，光照不足，土壤湿度大阻碍了茄子对钾的吸收。栽培时要多施有机肥做基肥，防土壤积水，及时中耕提高地温；按时揭盖草苫；发现缺钾时直接向土中施硫酸钾、氯化钾、草木灰或用0.2%磷酸二氢钾溶液和10%草木灰浸出液进行叶面喷肥。

缺钙时植株生长缓慢，生长点畸形，幼叶叶缘失绿，叶片的网状叶脉变褐，呈铁锈状叶。在连续多年种植蔬菜的土壤中栽培茄子易造成缺钙，或干旱阻碍了茄子对钙的吸收。栽培时要注意按时浇水施肥。缺钙时，补施钙肥或用1%的氯化钙溶液叶面喷肥，每周1～2次。

缺镁时叶脉附近，特别是主叶脉附近变黄，叶片失绿，果实变小，发育不良。主要原因是土壤含镁少或钙、钾、氮过多，产生拮抗作用，阻碍了茄子对钙的吸收。栽培时要注意增施有机肥和含镁的矿物质肥料，注意各种肥料的施用比例。栽培中发现缺镁时，可施钙镁磷肥或用1%～2%的硫酸镁叶面喷施，每周一次。

173. 茄子为什么会落花落果？如何预防？

落花是指在坐果前，花朵自动脱落，而落果则是指坐果后3～5天的时间内果实脱落的现象。在茄子生产上，落花现象比较严重，而落果则相对较少，但有时也可看到虽已经坐果，果实却不能正常膨大，而成为僵果的情况。茄子作为茄果类中的一种，经常出现的生理障碍之一就是落花落果。茄子落花落果现象严重影响产量。

造成茄子落花落果的原因有：

（1）花的质量差，短柱花多　短柱花的雌蕊比雄蕊短，形成花器缺陷。由于茄子的花是朝下的，雌蕊短，雄蕊长，则在花药开裂散出花粉时，不可能落在柱头上，因而不能授粉和受精。短柱花的发生与育苗期间的环境条件有直接的关系。如果条件适宜就会大量的产生长柱花和中柱花，基本不出现短柱花。但若花芽分化期气温过高或过低，特别是夜温过高，昼夜温差小，干旱或水分过大，日照不足，造成花的质量差，短柱花多而落花。

（2）栽培条件不适　开花期光照不足，夜温高，温度调控大起大落，肥水不足或大水大肥造成花大量脱落。光照不足的连阴天，花粉不散出；低温天气，花粉发育不正常。其他不良的环境条件，均可能导致授粉或受精不良。凡受精不良的子房生长素含量少，则易落花落果。营养不良时，胚珠退化，子房不能膨大则落花。开花期土壤干旱缺水，易产生离层，则落花落果严重。开花期气温低于15℃，或高于35℃，则影响花粉管的伸长速度和花粉的发芽等生理活动，易造成落花；光照不足则落花严重。在光照为自然光照的50％时，落花率提高50％。

温度过低，氮、磷施入过量，茎叶生长旺盛，湿度大、温度低时，常出现花蕾腐烂脱落。果实间争夺养分，门茄该收不收，对茄造成落花落果。气温长期低于15℃，地温达不到14℃，易引起落花落果。室温高于38℃以上，并且连续几天，容易出现落花落果。低温期浇水，根系出现障碍，吸水能力降低，极易出现落花落果。

(3) 防止落花落果的根本措施　加强管理，创造适宜植株生长的环境条件，调节生育期适宜的温度、光照、水肥等条件，保证植株生长发育健壮。可用植物生长调节剂进行落花落果的防止。盛花期可用防落素进行点花或醮花，也可在花半开放时用浓度20～30毫克/千克的2,4-D涂花柄，减少落花落果。也可用增施矿质元素的方法提高坐果率。用于提高坐果率的矿质元素主要有尿素、硼酸、硫酸锰、硫酸锌、钼酸钠、硫酸亚铁及磷酸二氢钾等。在茄子显蕾期每667米^{2}喷0.2%硼酸和1%的硫酸锌混合液50千克，可促进开花结果，减少落花、落果，同时还能兼治叶斑病。在茄子结果期，用10%的草木灰或0.5%的磷酸二氢钾溶液加入0.3%的过磷酸钙浸出液喷施，可增强植株光合作用强度，促花多、果实大。老化秧叶面喷施700倍硫酸锌水溶液或每667米^{2}施硫酸锌1千克，还可喷绿丰宝等含锌营养防落素促进生长。

174. 化学防治茄子落花落果时应注意什么问题？

化学防治落花落果就是指利用化学药剂，主要是植物生长调节剂防止落花落果。常用的生长调节剂有2,4-D、复方2,4-D、防落素、茄果灵等。植物生长调节剂的使用方法因作物及药剂种类而异，在使用时应注意以下问题：

①2,4-D、复方2,4-D的使用效果比防落素好，但2,4-D易产生药害（若药水碰到幼嫩的叶子，容易使叶子畸形），而且2,4-D不宜喷花，只能点花，涂于花柄上。防落素使用方便，且不易产生药害。

②准确掌握药液的使用浓度，正确认识药害和药效的关系。植物生长调节剂对植物的作用往往是低浓度起促进作用，高浓度

起抑制作用，甚至发生药害。如2,4-D浓度过高，出现空心果、畸形果。另外，不同的药液浓度所起的作用也是不同的。例如，1毫克/升的2,4-D就能起到防止落花的作用，如果用15毫克/升的2,4-D进行处理，则可以起到促进果实膨大的作用。此外，生长调节剂的使用浓度应根据气温变化适当调整，温度低时浓度浓，温度高时浓度稀。

③注意花朵的选择。一般在使用时，应摘除畸形花朵以及瘦弱的花朵，否则会增加畸形果的比率或降低使用效果。同时，应根据品种特性决定每个花序的坐果数。对茄子而言，处理将开花的大花蕾，比处理已经开放的花朵效果要好。应选用长柱花类型进行处理，避免对短柱花进行处理。另外，采用25毫克/升的2,4-D并掺入40毫克/升的赤霉素处理，不仅能促进坐果，而且能刺激果实膨大。在药品调配时要加颜料粉做记号，避免重复使用，产生畸形果。

④如果用生长调节剂处理后不到5个小时即遇到大雨，则应在雨停后重复处理一次。在阴雨天气时，应抓住有利的间歇性天气及时进行处理。

⑤其他注意事项：药剂原液不能放置于高温场所；稀释药剂不能用金属容器；稀释用水不能用井水和偏碱的水；以免影响药液的稳定性。

175. 什么情况下会出现“双身茄”现象？如何预防？

茄子保护地栽培中容易出现“双身茄”现象，一般是由于肥料过多引起的。即当养分在满足茄子正常生长发育尚有剩余时，便有可能引起细胞分裂过于旺盛，从而形成多心皮的“双身茄”。另外，开花期低温，或激素处理药液浓度过大，也会形成“双身茄”。

预防“双身茄”主要是要加强管理，开花结果期控制适宜的环境条件，合理追肥灌水，防止营养生长过盛。

176. 什么情况下会出现裂果现象？如何预防？

茄子裂果分为花萼开裂果和一般裂果。

花萼开裂果的果实从花萼处开裂，其原因主要有：一是激素防落花处理不当。如激素浓度过高，或在中午高温时使用，或多次反复使用，都会产生花萼开裂果。在多氮、多钾、干燥的情况下，若花缺钙时再用激素来处理，更容易出现花萼开裂果。但是，即使是缺钙的花朵，在早晨和傍晚温度低的时候用适宜浓度的激素进行处理，也较少发生花萼开裂果。二是摘心促进果实膨大时，容易出现花萼开裂果。三是枝叶生长过旺的植株容易发生花萼开裂果。

一般裂果的开裂部位大部分是从花萼以下开始，而且开裂比较严重，也有从果顶和果实中部开裂的。裂果多是由于在果实生长的初期处于受抑制的环境，以后突然生长加快，果皮被撑开的结果。造成这种情况有如下几种原因：一是用热风炉加温或补温的温室里，由于燃烧不完全，产生的一氧化碳使果实膨大受到阻碍,突然给水时导致果实急剧膨大。二是秋延晚茬茄子在露地期间果皮已经硬化,转入棚内后果肉再度生长,也会大量出现裂果。三是露地夏秋栽培的茄子,白天高温干燥,傍晚浇水易引起裂果。四是果皮较硬的品种,给水不均,在突然浇大水时出现裂果。茶黄螨危害的果实也会大量发生裂果,这种情况在露地比较多见。

茄子裂果的预防，主要是针对以上发生原因，对症进行预防。

177. 茄子出现叶烧的症状是什么？如何预防？

叶烧多发生在植株的中上部叶片，尤其是接近或触及棚膜的叶片更为严重。叶烧初期叶绿素减少，叶片的一部分变成漂白色，后变成黄色枯死。叶烧轻者叶缘烧伤，重者半个叶片或整个叶片烧伤。

预防叶烧，主要是要做好栽培管理。保护地栽培的，要做好棚室的通风管理，避免长时间出现35℃以上的高温。当阳光照射过强时，棚室内外的温差过大，不便通风降温或经过通风仍不能降低到所需的温度时，可采用遮荫办法降温。棚室内的温度过高、相对湿度过低时，可喷冷水雾。高温闷棚要严格掌握温度和时间，以植株的龙头处气温44～46℃，维持2小时安全有效。龙头高触棚顶时要弯下龙头。高温闷棚的前一天晚上一定要灌足水，提高植株的耐热力。

178. 茄子为什么会出现僵茄？如何预防？

僵茄，又称石茄，是茄子畸形果的一种。果实较小，颜色淡，果实僵硬，不膨大，海绵组织紧密，皮色无光泽，果皮发白，有的表面隆起，果肉质地坚硬，适口性差，完全丧失了食用价值。在日光温室越冬茬栽培时，多数温室在1月份前后，容易产生僵茄。其形成的主要原因是育苗期间条件不适，形成的短柱花多，开花时不能正常授粉受精，由单性结实而发育成的果实；开花前后遇低温、高温和连阴雪天，光照不足，空气湿度过大等，都会造成花粉发育不良，影响授粉和受精。生产后期温室放风不及时或放风量不够，室内温度长期超过35℃时短花柱增多，形成僵果；空气干燥、水分不足，植株同化作用降低，营养缺乏，形成僵果；低温弱光或高温强光期正值果实膨大时，氮、钾、硼的吸收量增多，磷相对需要量较少，如磷素投入量过大，必然影响钾、硼的吸收，使果实僵化；或者在茄子果实生长发育期间，栽培管理不及时，缺少水肥，病虫严重为害，也能导致果实停止生长发育，或形成质硬、果形小的僵茄。

预防僵果，一是要严格苗期温度管理，地温不能低于13～15℃。二是施肥应氮、磷、钾配合使用。三是分苗时尽量采用大的营养钵，充分利用增光技术。四是花期气温不应低于 20℃，同时要防止超过 30℃的高温。还可施用叶面宝等叶面肥，同时也要加强田间管理，供应充足的水肥，及时防治病虫害等，结果期注重施用钾肥，叶面喷施磷酸二氢钾和尿素，促植株生长。发现单性结实的僵果，最好尽早摘除。

179. 什么原因会造成紫色茄子着色不良？

温室中栽培的茄子，常发生紫色茄子着色不良的现象，果面呈淡紫色、红紫色甚至近绿色，或阴阳脸、白顶等。造成紫色茄子着色不良的原因是：果实中的紫色是由花青苷系统的色素决定的，主要是受光照的影响，坐果后不能得到充足光照的地方，或整个果面着色不良，或半面着色形成阴阳脸，或上部着色形成白顶果。聚氯乙烯薄膜紫外线透过率低，而且其透光率衰减速度过快，对紫色茄子着色不利。

预防茄子着色不良，可以适当稀植，严格整枝。因为茄子对光照的要求比较高，而茄子的叶片硕大、稠密而厚实，消光系数特别大，温室又是在一年之中光照时间最短、光照强度最弱的时段进行生产的。自然界光照一般只及夏季的 50%，进到温室里的光照只是自然界的 50%～70%，而且明显的呈现上强下弱的特点。所以，温室栽培茄子绝对不能采取露地栽培的株行距配置密度，必须适当稀植，而且也不能采取露地栽培那样任其自然分枝的方式，必须进行人工整枝。在人工整枝的条件下，大小行种植的行距一般不宜小于 80 厘米×60 厘米，株距不小于 40 厘米，每 667 米^2 密度 2 300 株左右。一般采取双干整枝方法，在生长前期植株较小时，可采用隔行双干或隔行三干整枝，待三干影响到株行间的透光时，再恢复到双干整枝。及时打掉黄化衰老的底部叶片，尽量不采用聚氯乙烯棚膜覆盖，多用聚乙烯薄膜。同时要定期清洁棚膜，保持尽量高的透光率。控制磷肥的施用量，结果期注意钾肥的施用。

七、病虫害防治

(一) 病害及其防治

180. 茄子常见的病害有哪些?

茄子常见的病害有猝倒病（小脚瘟）、立枯病、褐纹病、黄萎病、绵疫病、青枯病、早疫病、灰霉病、菌核病等。苗期常发生的主要病害为猝倒病和立枯病，连作地块容易发生黄萎病，保护地内容易发生灰霉病。

181. 茄子猝倒病的症状特征是什么？如何防治?

（1）症状　幼苗出土后染病，在茎基部出现浅黄绿色至黄褐色水浸状病斑，很快发展至绕茎一周。病部组织腐烂干枯而凹陷，病斑自下而上继续扩展，子叶或幼叶尚未凋萎，幼苗即倒伏于地，出现猝倒现象，然后萎蔫失水，呈线状干枯。发病初期，苗床上只有少数幼苗发病，几天后，以此为中心逐渐向外蔓延扩展。最后引起成片幼苗猝倒。在病情基数较高的地块，常常幼苗在出土前或刚露出胚芽即受侵染，呈水渍状腐烂，引起烂种、烂芽。湿度大时，病苗表面及附近地表会长出白色棉絮状菌丝。

（2）病原菌及发病规律　猝倒病主要是由霉菌侵染所引起的真菌性病害。病菌以卵孢子或以菌丝的形式在植株病残体和土壤中越冬，也可以种子传播。低温、高湿及光照不足有利于发病。

最适宜的发病温度为15～16℃。

（3）防治方法

①选择避风向阳、排水良好的育苗场所。

②使用腐熟的农家肥和多年未种过茄果类等蔬菜的田土配制育苗土。旧苗床应进行苗床处理，常用50％多菌灵可湿性粉剂每平方米8～10克，加细干土5千克，混合均匀。取1/3药土作垫层，播种后将其余2/3药土作为盖土层，为避免药害，应保持适当的土壤湿度，也可以每平方米用40％甲醛50毫升，加水2～4千克，均匀喷洒在床土上，然后将塑料薄膜封闭，4～5天以后除去塑料薄膜，将床土翻动晾晒15天后播种。

③加强苗床管理工作。浸种催芽后播种，以缩短种子在土壤中的时间；苗床土壤温度要求保持在16℃以上，气温保持在20～30℃之间；出齐苗后注意适时通风，若床土过湿，可施一些草木灰降低湿度，发现病株及时拔除，集中烧毁，防止病害蔓延。

④药剂防治。发病初期可以采用药剂喷洒的方法，常用的药剂有75％百菌清可湿性粉剂800倍液，或50％多菌灵可湿性粉剂600倍液，或25％甲霜灵800倍液，或40％疫霉灵200倍液，或70％代森锌500倍液。一般每7天喷洒一次，连续进行2次。

182. 茄子立枯病的症状特征是什么？如何防治？

立枯病是茄子苗期常见病害，多发生于育苗的中后期，严重时可成片死苗。成株期也可发生立枯病。立枯病病菌寄主范围较广，除危害茄子外，还危害辣椒、番茄、马铃薯、黄瓜、菜豆等。

（1）症状　刚出土的幼苗和中后期的幼苗均可受害，受害幼苗茎基部产生暗褐色病斑，长圆形至椭圆形，明显凹陷，病斑横向扩展绕茎一周后病部出现缢缩，根部逐渐收缩干枯。发病初期病苗晴天中午萎蔫，晚上至翌晨恢复正常，以后不再恢复正常，并继续失水直至立枯而死。当病斑继续扩大时，幼苗茎基部收缩干枯，植株死亡。潮湿时病部出现淡褐色蛛丝状霉层。

（2）病原菌及发病规律　立枯病是一种土传真菌性病害。病原是立枯丝核菌，以菌丝体或菌核在土壤里或落于土中的病株残体越冬，腐生性较强，一般可以在土壤中腐生2～3年。病菌通过雨水、灌溉水、粪肥、农具进行传播和蔓延。条件适宜时直接侵入幼苗体内，发生病害。病菌适宜生长温度为18～28℃，在12℃以下或32℃以上时，病菌生长受到抑制。高温、高湿环境有利于病菌生长繁殖。一般苗床温度高、湿度过大、通风不良、播种过密、幼苗徒长、阴雨天气等环境条件，均易引起立枯病的发生和蔓延。

（3）防治方法

①加强苗期管理。使用腐熟的农家肥和多年未种过蔬菜的大田土配制育苗土；苗床注意通风、排湿，控制夜温过高，注意播种密度，防止幼苗徒长；增施磷、钾肥，促进幼苗健壮生长，提高抗病力。

②药剂防治。床土消毒同上面猝倒病的床土处理方法。发病初期，用5%井冈霉素水剂500～800倍液，一般每7天喷洒一次，连续喷洒2～3次。当苗床发现立枯病和猝倒病同时发生时，可以喷洒72%普力克水剂800倍液加50%福美双可湿性粉剂800倍液。喷药时注意喷洒茎基部及其周围地面，7～8天喷一次，连喷2～3次。

183. 茄子猝倒病和立枯病的症状有何区别？

猝倒病和立枯病都是茄子幼苗期常见的病害，猝倒病多发生于育苗的前期，而立枯病多发生于育苗的中后期。猝倒病在低温、高湿的环境下易于发生，而立枯病在高温、高湿的环境下易于发生。猝倒病病苗在子叶或幼叶尚未凋萎时幼苗即倒伏于地，出现猝倒现象，然后萎蔫失水，呈线状干枯。而立枯病病苗，枯死后立而不倒，这是与猝倒病不同的重要特征。另外，立枯病病部菌丝不明显，而猝倒病幼苗倒地以后，病部菌丝茂密成层。

184. 茄子褐纹病的症状特征是什么？如何防治？

（1）症状　茄子褐纹病整个生育期均可发生。主要危害茄子叶片、茎基和果实。发病部褐色或黑褐色，稍凹陷、收缩，扩大至绕茎一周，产生立枯状，病部生有许多小黑点，以别于立枯病。成株期染病，多从叶片自下而上发病，病斑近圆形或不规则形，初期苍白色水渍状，后期病部扩大连片，常干裂、穿孔或脱落。茎部多在基部受害，开始出现水浸状梭形病斑，而后边缘褐色，中央灰白色凹陷，扩大为干腐溃疡状，其上生有许多隆起的小黑点，后期皮层脱落，木质部外露，容易折断。果实受害后，初为水浸状浅褐色病斑，凹陷、圆形或近圆形，渐变为黄褐色，病部发软，病斑扩大到整个果实时，常有明显轮纹，其上密生黑色小粒点（分生孢子器），病斑在扩展过程中常留下明显的同心轮纹。严重时病斑连片，引起果实腐烂脱落或残留在枝上干缩成僵果。

（2）病原菌及发病规律　茄子褐纹病的病原属于真菌中的半知菌，主要以菌丝体或分生孢子器在土壤中或病株残体上越冬，能活 2 年多。如种子带菌，易造成幼苗发病。病株上产生的孢子，通过风、雨、灌溉水等传播而引起茄子的茎、叶、果实发病。病菌生长最适宜的温度为 28～30℃，高温、高湿条件是茄子褐纹病发生的重要条件。

（3）防治方法

①农业防治：选择抗病品种，从无病株上采种；播种前用 55℃热水恒温浸种 15 分钟；实行 2～3 年以上轮作；加强田间管

理，合理密植，平衡施肥，提高植株抗病性。

②药剂防治：播种时，用50%多菌灵可湿性粉剂10克拌细土2千克配成药土，下铺1/3，上盖2/3；发病初期，可用75%百菌清600倍液，或70%代森锰锌500倍液，或64%杀毒矾500倍液，或50%甲霜铜可湿性粉剂500倍液，或58%甲霜灵锰锌可湿性粉剂400倍液等药剂间隔10天喷雾。也可用45%的百菌清烟剂与喷雾交替使用。

185. 茄子黄萎病的症状特征是什么？如何防治？

（1）症状　茄子黄萎病又称凋萎病、半边疯、黑心病等。主要危害茄子成株，一般发病是在门茄坐果以后。病害一般从下而上或从一边向全株发展。初期叶片边缘及叶脉间变黄，以后发展到半叶或整个叶片变黄。早期病叶晴天高温时呈萎蔫状，早晚或阴雨天可恢复，后期病叶由黄变褐并干枯，叶缘上卷，严重时叶片变褐脱落，只剩光秆。茄子黄萎病为全株性病害，剖开植株的根、茎、分枝及叶柄可以看到维管束变褐色或呈黑色，并可挤出灰白色的黏液。

（2）病原菌及发病规律　茄子黄萎病为真菌性病害。病菌以菌丝、厚垣孢子或微菌核在土壤中的病残体上越冬，在土中可存活6～8年。次年遇适宜条件，病菌由根部伤口或幼根表皮及根毛侵入，并在皮层细胞间扩展，进而侵入维管束，在导管内大量繁殖，随植株体内液流向地上部的茎、枝、叶、果实扩展，引起发病。病菌在田间靠风、雨、灌溉水及农事操作传播；病菌生长的适宜温度为19～23℃，温湿度是控制黄萎病发生的主要条件，温暖高湿条件下发病重，此外，定植过早、移栽根部带土少、伤根、埋土过深、常年连种感病品种、施用未腐熟农家肥、偏施氮肥等也常引起该病的大发生。

（3）防治方法

①农业防治。选择抗病品种；播前用55℃的热水恒温浸种15分钟；使用腐熟的农家肥和多年未种过蔬菜的大田土配制育苗土；最好以野生茄子作砧木采用嫁接育苗；与非茄科作物实行4年以上轮作；增施有机肥，合理密植与灌水，提高植株的抗病性。

②药剂防治。定植前用50%多菌灵可湿性粉剂或40%多福粉，或多地混剂（50%多菌灵可湿性粉剂与20%地茂散按2∶1混合），或70%敌克松原粉，或50%甲基托布津可湿性粉剂或40%棉隆，每667米^{2}2千克，或50%百菌灵可湿性粉剂1千克，再与30千克细干土混匀，均匀撒于地面，结合整地混入土中，再行定植，防病效果较好。发病初期进行药剂灌根，可用50%DT可湿性粉剂350倍液，或50%百菌灵可湿性粉剂800倍液，或50%多菌灵可湿性粉剂500倍液，或50%甲基托布津可湿性粉剂800倍液，5%菌毒清300倍液，或70%敌克松500倍液，或10%双效灵水剂200倍液等，每株灌药液300～500毫升，7天左右灌一次，连灌2～3次。为增强防治效果，也可以在发现零星病株进行灌根的同时，用上述药液做全面喷淋。

186. 茄子果腐病的症状特征是什么？如何防治？

（1）症状　茄子果腐病主要危害果实，果实染病初期产生水浸状褐色斑，然后迅速扩展到整个果实，导致果实、果柄变褐色、软化、腐烂，湿度大时病部表面产生灰白色霉层，尔后出现黑色毛状霉，似大头针状，病果多脱落，个别干缩果挂在植株上。

（2）病原菌及发病规律　病原为链格孢，属半知菌亚门真菌。主要致病菌为黑根霉，病菌寄生性弱，分布十分广泛，可在多汁蔬菜的残体上以菌丝体营腐生生活，翌年春季条件适宜时，产生孢子囊，孢子借风雨传播，病菌则从伤口或生活力衰弱部位，或遭受冷害部位侵染。气温 23～28℃、相对湿度高于 80%易发病，雨水多、田间湿度大、整枝不及时、株间密闭、果实伤口多易发病。

（3）防治方法

①农业防治。加强肥水管理，适当密植，及时整枝或摘除下部病叶、老叶，保持通风透光。防止发生日烧果，及时采收。高畦或高垄栽培，防止大水漫灌，雨后及时排水。保护地栽培注意及时通风，采用膜下暗灌，降低空气湿度。

②药剂防治。发病初期喷洒 30%碱式硫酸铜悬浮剂 400～500 倍液，或 50%琥胶肥可湿性粉剂 500 倍液，或 27%铜高尚悬浮剂 600 倍液，或 50%混杀悬浮剂 500 倍液，或 50%甲基硫菌灵·硫磺悬浮剂 800 倍液，或 56%靠山水分散微颗粒剂 700～800 倍液，或 47%加瑞农可湿性粉剂 800 倍液，7 天喷药一次，连喷 2～3 天。

187. 茄子灰霉病的症状特征是什么？如何防治？

（1）症状　茄子灰霉病在苗期和成株期均可发生。幼苗染病，子叶先端枯死，其后病菌在幼茎上扩展，使幼茎缢缩变细，常自病部折断枯死。成株期发病，多始于凋萎的花瓣，在花瓣上生成灰色霉斑，再侵入幼果，使幼果腐烂，果实染病后果蒂周围局部产生水浸状褐色病斑，逐步凹陷腐烂脱落，表面产生不规则轮纹状灰色霉状物。叶片染病，由叶尖向内呈 V 字形病斑，初呈水浸状，边缘不明显，后呈浅褐色至黄褐色，湿度大时，病斑上密生灰色霉层。

（2）病原菌及发病规律　茄子灰霉病是一种真菌性病害。病菌以分生孢子在病残体上或以菌核在地表或土壤里越冬，成为下一年的初侵染源。初发病部产生大量分生孢子，借助气流传播进行再侵染，使病害扩展蔓延。因病菌很容易从花器侵染，而造成果实受害严重。低温、高湿是茄子灰霉病发生的重要条件，7～20℃均可发病，分生孢子及菌核形成的适宜温度为15～20℃。

（3）防治方法

①农业防治。加强保温措施，棚室内采用多层覆盖，以缩小棚室内外或日夜温差；采用地膜覆盖，膜下暗灌，以降低湿度；控制灌水，灌水最好选在晴天上午进行；合理密植，以利通风透光；发现病叶、病茎、病枝、病果要及时摘除并集中销毁。

②药剂防治。定植前用50％速克灵可湿性粉剂1 500倍液或50％多菌灵可湿性粉剂500倍液喷洒茄苗预防灰霉病；茄子开花时结合蘸花在2,4-D中加入0.1％浓度的50％速克灵可湿性粉剂，或50％扑海因可湿性粉剂，防止病菌从花器侵染。发病初期，可选用40％施佳乐悬浮剂800倍液，或50％农利灵可湿性粉剂1 000倍液，或40％多硫悬浮剂500倍液，或36％甲基托布津可湿性粉剂500倍液，或50％速克灵可湿性粉剂1 000倍液，或50％扑海因可湿性粉剂1 000倍液，或25％多菌灵可湿性粉剂400倍液，或75％百菌清可湿性粉剂600倍液等喷药防治。7天一次，连喷2～3次，尤其注意在露地栽培时雨后应立即喷药。

温室大棚还可选用烟熏法或粉尘法防治，每667米^{2}用10％速克灵烟雾剂，或45％百菌清烟雾剂200克。或5％百菌清粉尘剂，或10％杀霉灵粉尘剂每667米^{2}1 000克进行防治，粉尘剂、烟雾剂应于傍晚关闭棚室后施用，第二天通风。几种杀菌剂可单独使用，也可交替使用，且各种药剂交替使用效果最好。每隔7～10天防治一次，依病情延续时间决定用药次数。

188. 茄子叶霉病的症状特征是什么？如何防治？

（1）症状　茄子叶霉病主要危害茄子的叶片和果实。叶片染病，出现边缘不明显的褪绿斑点，病斑背面长出灰绿色霉层，导致叶片过早脱落。果实染病，病部呈黑色，革质，多从果柄蔓延下来，果实呈白色斑块，成熟果实的病斑为黄色，下陷，后期逐渐变为黑色，最后果实成为僵果。

（2）病原菌及发病规律　茄子叶霉病的病原为褐孢霉，属半知菌亚门真菌。病菌主要以菌丝体或分生孢子随病残体遗留在土壤中越冬，翌年气候适宜时，染病组织上产生分生孢子，借助风雨传播。定植过密，株间密闭，田间白粉虱危害等易诱发此病。

（3）防治方法

①农业防治。收获后彻底清除病残体，并烧毁或深埋。合理密植，注意排水降湿。

②药剂防治。发病初期喷洒50%甲基硫菌灵·硫磺悬浮剂800倍液，或10%世高（恶醚唑）2 000倍液，或47%加瑞农可湿性粉剂800～1 000倍液，或40%防霉宝2号水溶性粉剂1 000倍液，7天喷药一次，连喷2～3天。

189. 茄子绵疫病的症状特征是什么？如何防治？

（1）症状　茄子绵疫病俗称掉蛋、烂茄和水烂，是茄子生育期较普遍的病害。主要危害果实、茎、叶、花器等，特别是近地面处果实受害最重。苗期被害，在近地面处的嫩茎上出现水渍状缢缩，引起植株倒伏死亡。成株期主要危害果实发病初期，果实表面产生水浸状圆形斑点，稍凹陷，边缘不明显，黄褐色至深褐色，病部果肉黑褐色腐烂，在潮湿条件下果实表面生出白色絮状霉层，病果易蒂落并很快腐烂。叶片发病后，初呈水浸状不规则病斑，边缘不明显，有轮纹，后褐色或紫褐色，潮湿时病斑表面长出稀疏的白霉。茎部受害，呈暗绿色水渍状缢缩，后变褐色，其下部枝叶逐渐萎蔫干枯，湿度大时病部长出白霉。花器受侵染后呈褐色腐烂。

（2）病原菌及发病规律　茄子绵疫病是由边霉菌引起的真菌

性病害。病菌主要以卵孢子随病残体在土壤中越冬，来年卵孢子借雨水或灌溉水溅到茄子植株下部的果实、茎叶上，萌发长出芽管，芽管与表皮组织接触后产生附着器，从底部生出侵入丝，穿透寄主表皮侵入，在病斑上产生孢子囊，萌发后形成游动孢子，借风雨传播形成再侵染。病菌发育适宜温度为 28～30℃，菌丝发育适宜湿度要求 95%以上，湿度 85%左右有利于孢子囊的形成。因此，高温高湿是茄子绵疫病发生的重要条件。

（3）防治方法

①农业防治。选择抗病品种，与非茄科作物实行 5 年以上的轮作，加强田间管理，及时整枝、打老叶，摘除病叶、病果，加强通风，控制田间湿度，覆盖地膜。防止土壤中的病菌随雨水或灌溉水反溅到果实上。

②药剂防治。发病初期，可用 75%百菌清可湿性粉剂 500 倍液，或 40%乙磷铝 300 倍液，或 58%甲霜灵锰锌可湿性粉剂 500 倍液，或 50%安克·锰锌可湿性粉剂 500 倍液，或 72%普力克水剂 800 倍液，72%克露可湿性粉剂 800 倍液，或 52.5%抑快净水分散粒剂 2 000 倍液等喷雾。一般每隔 7 天左右喷一次，连喷 2～3 次。

190. 茄子病毒病的症状特征是什么？如何防治？

（1）发病症状　茄子病毒病可由多种病毒致病，引起的发病特征也有所不同。主要分为以下 3 种类型：

①花叶型：叶片产生黄绿相间的斑驳，老叶形成圆形或不规则形暗绿条纹，心叶稍黄。

②轮点坏死斑型：植株上部叶片产生局部紫褐色坏死斑点，有时形成轮纹点状坏死，叶面不平，发皱。

③大轮点型：叶片由产生的轮纹病斑、轮纹内黄色小点组成，有时斑点也发生坏死。

（2）病原菌及发病规律　茄子病毒病由烟草花叶病毒和黄瓜花叶病毒侵染致病。另外还由蚕豆萎蔫病毒和马铃薯 X 病毒混合侵染所致。花叶型病毒病系黄瓜花叶病毒和烟草花叶病毒引起；轮点坏死斑型病毒病系由蚕豆萎蔫病毒引起；大轮点型病毒病由马铃薯 X 病毒引起。茄子病毒病靠蚜虫和接触传毒。高温干燥适宜于病毒和蚜虫的繁殖和活动，特别是晴朗无风天有利于蚜虫飞迁，从而传播病毒。栽培地耕作不细、杂草丛生或近野生草地，病毒可顺利越冬，成为来年发病源。一些农业操作如整枝、打尖等，手触病株汁液都能把病毒传给健株，扩大发病，加重危害。

（3）防治方法

①农业防治。清除杂草，结合中耕培土铲除杂草，栽培地周围的杂草也要铲除，以减少病毒越冬场所；在农事操作时，工具和手若接触到病株，应在 10%磷酸三钠液内浸蘸一下，以避免汁液传毒；高温季节灌水降温调节湿度。保护地栽培条件下，在高温季节可搭设遮阳网以降低气温并注意在蚜虫发生时期及时搭设防虫网以阻挡蚜虫的危害。

②农药防治。发病初期选用 20%病毒 A 500 倍液，或 1.5%植病灵乳剂 1 000 倍液，或 10%病毒必克可湿性粉剂 1 000 倍液等药剂交替使用，8～10 天喷一次，连喷 2～3 次。

191. 茄子黑斑病的症状特征是什么？如何防治？

（1）症状　茄子黑斑病主要危害茄子叶片，有时果实也会受害。在茄子中下部老叶上形成圆形或不规则形病斑，病斑多在两叶脉间，上布满黑色霉层。发病重时，叶片早枯。

（2）病原菌及发病规律　茄子黑斑病的病原为茄链格孢菌，属半知菌亚门真菌。病菌主要以菌丝体随病残体在土壤中越冬。高温高湿的环境条件下有利于病害发生。

（3）防治方法

①农业防治。选择抗病品种，播前用55℃的温水浸种15分钟，加强田间管理，及时整枝、打老叶，摘除病叶、老叶，加强通风。收获后彻底清除病残体，并烧毁或深埋。

②药剂防治。发病初期用3%农抗120水剂150～200倍液喷雾，隔5～7天再喷一次，连续喷3～4次，可兼治茄子早疫病。

192. 茄子白粉病的症状特征是什么？如何防治？

（1）症状　茄子白粉病从苗期至收获期均可发生。主要危害叶片，叶柄、茎次之，果最轻。发病初期叶面或叶背产生白色近圆形的小粉斑，环境适宜时，逐渐扩大成边缘不明显的连片白粉斑，上面布满白色粉末状的霉，病叶枯黄发脆，但不易脱落。有时（秋季多见）病斑上出现散生或成堆的小黑点。叶柄与嫩茎上的症状与叶片相似，但白粉较少。病害逐渐由植株下部往上发展。白粉后期可变成灰白色或红褐色，严重时植株枯死。

（2）病原菌及发病规律　白粉病的病原为单丝壳白粉菌，属子囊菌亚门真菌。在低温干燥地区病原真菌以闭囊壳随病残体在土壤中越冬，在保护地或较温暖的地区以菌丝体在植株上越冬。病菌产生分生孢子借气流或雨水传播，在高温高湿或干旱环境下易发生，发病适温20～25℃，相对湿度25%～85%，但是以高湿条件下发病重。

（3）防治方法

①农业防治。与非茄果类作物进行3年以上轮作；收获后彻底清除病残体，并烧毁或深埋；定植前每100米^{3}空间用硫磺粉200～250克，锯末500克掺匀，密闭熏一夜；定植后注意通风透光，降低棚内湿度，及时供应肥水。

②药剂防治。发病初期喷洒27%高脂膜乳剂50～100倍液，

或2%农抗120水剂，或2%武夷霉素水剂200倍液，或75%百菌清可湿性粉剂600倍液，或20%抗霉菌素200倍液，或12.5%速保利2 000倍液；白粉病对硫特别敏感，可选用40%多酸胶悬剂800倍液，或40%硫酸胶悬剂500倍液，或25%三唑酮可湿性粉剂2 000倍液，或20%三唑酮乳油1 500倍液，或12.5%腈菌唑乳油5 000倍液，每7～10天喷一次，连喷2～3次。

193. 茄子炭疽病的症状特征是什么？如何防治？

（1）症状　茄子炭疽病各地均有发生，但一般发生不严重，仅零星果实受害造成一定损失。主要危害果实，以近成熟和成熟果实发病重。果实发病，初期在果实表面产生近圆形、椭圆形或不规则形、黑褐色、稍凹陷的病斑。病斑不断扩大及半个果实。后期病部表面密生黑色小点，潮湿时其上溢出朱红色黏质物。病部皮下的果肉微呈褐色，干腐状，严重时整个果实腐烂。

（2）病原菌及发病规律　病原为辣椒刺盘孢，属半知菌亚门真菌。病菌以菌丝体和分生孢子盘随病残体在土壤中越冬，也可以分生孢子附着在种子表面越冬。翌年由越冬分生孢子盘产生分生孢子，借雨水溅射传播至植株下部果实上引起发病，播种的带菌种子萌发时就可侵染幼苗，使其发病。果实发病后，病部产生大量分生孢子，借风、雨、昆虫及摘果实时人为传播，进行反复再侵染。温暖高湿环境下易于发病，病害多在7～8月份发生和流行。植株密闭、采摘不及时、地势低洼、雨后地面积水、氮肥过多时发病严重。

（3）防治方法

①农业防治。使用无病种子，播前用55℃温水浸种15分钟或52℃温水浸种30分钟。发病地与非茄科类蔬菜进行2～3年轮作；培养无病壮苗，适时定植，合理密植，加强田间肥水管理。

②药剂防治。发病初期及时进行药剂防治，可用50%多菌

灵可湿性粉剂500倍液，或甲基托布津可湿性粉剂600～800倍液，或炭疽霜可湿性粉剂800倍液等药剂喷雾防治。

194. 茄子疫霉根腐病的症状特征是什么？如何防治？

（1）症状　茄子疫霉根腐病在部分地区发生，受害植株顶部茎叶萎蔫，进而全株萎蔫，拔除病株可见根系的细根腐烂，仅残留变褐的粗根，不发生新根。剖开植株的根、茎可以看到有的病株维管束从地面数厘米至数十厘米的一段变为褐色。发病后期，病株多枯萎而死亡。

（2）病原菌及发病规律　茄子疫霉根腐病的病原为寄生疫霉和辣椒疫霉，均属鞭毛菌亚门真菌。病菌以菌丝体和孢子随病残体在土壤中越冬。病菌在田间主要借雨水、灌溉水传播。病菌发育温度范围为5～30℃，适温20～25℃。要求高湿度，特别是土壤水分高是病害发生和发展的决定性因素。

（3）防治方法

①农业防治。育苗前培养土彻底消毒、温汤浸种，培养无病壮苗；定植前，平整土地，作好排灌系统，高畦栽培。重病地与非茄科类、瓜类蔬菜进行3年轮作；加强田间管理，施用充分腐熟的有机肥，合理浇水，防止大水漫灌，并注意雨后及时排水；初见发病植株及时拔除烧毁。

②药剂防治。发病初期及时进行药剂防治，用40%乙磷铝200倍液，或72.2%普力克600倍液，或50%甲霜铜500倍液，或60%百菌清500倍液喷雾，尤其要喷施植株茎基部和地面，同时用药剂灌根效果更好。

195. 根结线虫危害的症状特征是什么？如何防治？

（1）症状

①地上部症状：轻病株症状不明显，病情较重的地上部营养不良，植株矮小，叶片变小、变黄，呈点片缺肥状，不结实或结实不良，但病株很少提前枯死，遇干旱则中午萎蔫，早晚恢复，或提前枯死。

②地下部症状：地下部的侧根和须根受害重。根上形成大量大小不等的瘤状根结。根结多生于根的中间，初为白色，后为褐色，表面粗糙，有时龟裂。

（2）发病规律　南方根结线虫主要以卵、卵囊或2龄幼虫随病残体在土壤中越冬，而北方根结线虫主要以卵随病残体或粪肥在土壤中越冬，冬季两种线虫都可在保护地内继续危害。翌年春天条件适宜时，越冬卵孵化为1龄幼虫（在卵内发育），蜕皮后孵出2龄幼虫，2龄幼虫和越冬的2龄幼虫具有侵染能力，侵入后，引起周围细胞分裂加快形成肿瘤，使根形成虫瘿即根结。

幼虫发育到4龄后即可交尾产卵，卵可于根结中孵化发育，也有大量的卵被排出体外进入土壤，卵孵化后进行再侵染，从而使寄主根系布满根结，危害越来越重。根结线虫主要分布在5～30厘米深的土层中。病苗调运可使线虫远距离传播。田间主要通过病土、病苗、灌水和农事操作传播。土温20～30℃，土壤相对湿度40%～70%有利于线虫的繁殖和生长发育。土壤温度超过40℃和低于5℃，根结线虫的侵染活动都很少，55℃以上经过10分钟幼虫即可死亡。线虫喜地势高燥、土质疏松、盐分低及沙质疏松的土壤，连作地块发病重。

（3）防治方法　采取以农业防治为主，药剂防治为辅的综合防治措施。

①农业防治：

选用无病土壤育苗：施用腐熟的无病原线虫的有机底肥，挑选健壮且无病苗定植，这些操作可起到较好的预防作用。

彻底清除棚室病根残体：收获后及时清除病株、病根残体，注意将病根晒干后集中烧毁。

深翻土壤：将表土翻至20厘米以下深度，可把大量活动在土壤表层的线虫翻到底层下，减轻病害的发生。

轮作：重病田内与禾本科作物进行2～3年轮作；也可与抗线虫蔬菜如石刁柏和耐线虫蔬菜如葱、蒜、韭菜等轮作，它们对茄子线虫有较强的抗性，种植这些植物，可有效地防止或减轻线虫病的发生，降低土壤中的线虫量，从而减轻对后茬植物的危害。

利用高温杀灭线虫：棚室可在休闲季节利用夏季高温，在盛夏挖沟起垄，沟内灌满水，然后盖地膜密闭棚室2周，使30厘米内土层温度达54℃，保持40分钟以上，则线虫即死。

②药剂防治：

土壤处理：可在播种或定植前15天，选用10%力满库、50%益舒宁、3%米乐尔等颗粒剂，拌均匀，撒施后再耕翻入土，每667米^{2}用药量3～5千克。也可采用条施或沟施，如在定植行中间开沟，每667米^{2}施入上述药剂2～3.5千克，然后覆土踏实，形成药带。如果利用穴施法，则每667米^{2}用上述药剂1～2千克，施药后应注意拌土，以防植株根部与药剂直接接触。

药剂灌根：定植后，在棚室内植株局部受害，可用50%辛硫磷乳油1 500倍液，或80%敌敌畏乳油1 000倍液，或90%敌百虫晶体800倍液灌根，每株灌药液0.25～0.5千克，以熏杀土壤中的根结线虫。

196. 茄子菌核病的症状特征是什么？如何防治？

（1）症状　茄子菌核病在茄子整个生育期均可发病。苗期发病从茎基部开始呈浅褐色水渍状病斑，后变褐色，湿度大时长出白色棉絮状菌丝，软腐，但无臭味，干燥时呈灰白色，后期菌丝集结成菌核，病部缢缩，茄苗枯死。成株期发病多始于茎基部或侧枝处，产生水渍状褐色病斑，并逐渐变为灰白色，稍凹陷。湿度大时，病部长出白絮状菌丝，皮层腐烂，表皮和髓部长出黑色小菌核。严重受害的皮层呈麻状破裂，致使上部枝叶枯死。叶片病斑初为浅褐色水浸状，后变为褐色圆形，湿度大时长出白色菌丝，干燥后病部易破裂。花及花蕾受害后出现水浸状腐烂，严重时脱落。果实受害主要由果柄发病蔓延后所致，并逐渐扩展到整个果实，病部长出白色菌丝体，后形成菌核。

（2）病原菌及发病规律　菌核病病原菌属于真菌，主要以菌核在土壤中越冬。次年春天菌核从土壤中散发出子囊孢子，借助气流、雨水或灌溉水传播，由寄主的自然口或伤口处侵入。茄子菌核病是一种低温高湿病害，在温度16～20℃，湿度95%以上的环境条件下最适宜病菌繁殖。

（3）防治方法

①农业防治。茄子拉秧后，及时清除病残体并且深翻土壤；注意与葱蒜类等实行轮作倒茬；增施有机肥，提倡垄作并覆盖地膜定植，以改善土壤生态环境；注意通风、防寒保温，使棚室茄子栽培环境有利于茄子的生长发育，而不利于菌核病的蔓延；发现病株及时拔除，并带出栽培地深埋或烧毁。

②药剂防治。可用50%速克灵可湿性粉剂1 500倍液，或50%扑海因可湿性粉剂1 000～1 500倍液，或40%菌核净可湿性粉剂1 000倍液，或60%防霉宝超微粉600倍液喷雾。

197. 茄子早疫病的症状特征是什么？如何防治？

（1）症状　茄子早疫病主要危害叶片。整个生育期均可发病，发病初期产生褪绿小斑点，后扩展为圆形或近圆形病斑，中间灰白色，边缘褐色，具同心轮纹，直径2～10毫米，湿度大时，病部长出微细的灰黑色霉状物，后期病斑中部脆裂，发病严重时病叶脱落。

（2）病原菌及发病规律　茄子早疫病是一种真菌性病害，病菌以菌丝体在病残体内或潜伏在种子皮下越冬，在田间借风雨传播，从气孔或直接穿透表皮侵入进行再侵染，该病对温度适应范围广，湿度是发病的主要条件，一般温暖高湿发病重。

（3）防治方法

①农业防治。前茬结束后，及时清除病残体并与非茄科作物实行 5 年以上的轮作；种子用 55℃热水恒温烫种 15 分钟后，再浸种催芽；加强田间管理，合理密植，及时摘除老叶、病叶，保持田间良好的通风性，采取地膜覆盖栽培，降低地面湿度。

②药剂防治。发病初期，用 75％百菌清可湿性粉剂 600 倍液，或 70％代森锰锌可湿性粉剂 500 倍液，或 58％甲霜灵锰锌可湿性粉剂 600 倍液，或 64％杀毒矾可湿性粉剂 500 倍液，或 50％克菌丹可湿性粉剂 450 倍液，或 40％灭菌丹可湿性粉剂 400 倍液，隔 7 天喷一次，连续喷2～3 次。

198. 茄子赤星病的症状特征是什么？如何防治？

（1）症状　茄子赤星病主要危害叶片，发病初期叶片褪绿，产生白色至褐色小斑点，后扩展成直径 3～8 毫米、中心暗褐色的圆形斑，其上丛生很多黑色小点，即病菌的分生孢子器。

（2）病原菌及发病规律　茄子赤星病的病原属半知菌亚门真菌。病菌以菌丝体和分生孢子的形式随病残体留在土壤中越冬，第二年春季条件适宜时产生分生孢子，借风雨传播蔓延，引起初侵染和再侵染。温暖潮湿、连阴雨天气多的年份或地区易发病。

（3）防治方法

①农业防治。前茬结束后，及时清除病残体并与非茄科作物实行 2～3 年的轮作；种子用 55℃热水恒温烫种 15 分钟后，再浸种催芽；培育壮苗，加强田间管理。

②药剂防治。发病初期，用75%百菌清600倍液，或40%甲霜铜可湿性粉剂600～700倍液，或58%甲霜灵锰锌600倍液，或64%杀毒矾500倍液，或50%苯菌灵可湿性粉剂1 000倍液，或27%铜高尚悬浮液600倍液，隔7天喷一次，连续喷2～3次。

199. 茄子软腐病的症状特征是什么？如何防治？

（1）症状　茄子软腐病主要危害果实。病果初生水浸状斑，然后果肉腐烂，有恶臭味，失水后干缩，挂在茎上。

（2）病原菌及发病规律　茄子软腐病属细菌性病害。病菌随病残体在土壤中越冬，借助灌溉水、雨水及气流传播。病菌由伤口侵入后，分泌果胶酶溶解中胶层，导致细胞解离，细胞内水分外溢，而引起病部组织腐烂。病菌能够生长的温度范围较大，2～40℃均能活动和危害，最适温度25～30℃，发病需95%以上相对湿度，雨水、露水对病菌传播、侵入具有重要作用。

（3）防治方法

①农业防治。高畦（垄）栽培，覆盖地膜。雨后及时排水。及时整枝、打杈。农事操作要精细，减少机械伤口。及时防治棉铃虫、烟青虫等蛀果害虫。

②药剂防治。发病初期及时用药防治。可喷72%农用硫酸链霉素4 000倍液，或50%杀菌剂500倍液，或77%可杀得粉剂500倍液，或25%络氨铜水剂500倍液。

（二）虫害及其防治

200. 茄子常见的害虫有哪些？

茄子常见的害虫有：地老虎、蛴螬、白粉虱、茄二十八星瓢虫、茄黄斑螟、蝼蛄、红蜘蛛、蚜虫、截形叶螨、茶黄螨等。

201. 地老虎如何危害茄子？怎样防治？

（1）形态及危害特征　常见的地老虎有小地老虎、大地老虎和黄地老虎三种，均属鳞翅目夜蛾科。小地老虎成虫体长 16～21 毫米，深褐色。前翅由内横线、外横线将全翅分为 3 部分，有明显的肾状纹、环形纹、棒状纹，有 2 个明显的黑色剑状纹。后翅灰色无斑纹。幼虫体长 37～47 毫米，灰黑色，体表布满大小不等的颗粒，臀板黄褐色，有两条深褐色纵带。

地老虎幼虫食性杂，危害多种作物。3 龄前的幼虫大多在植株的心叶里，也有的藏在土表、土缝中，昼夜取食植物嫩叶，形成半透明的白斑或小孔，3 龄后主要危害茄子及其他作物的幼苗，将幼苗近地面的茎基部咬断，造成严重缺苗、断垄现象。

（2）发生规律　小地老虎在北方 1 年发生 4 代。越冬代成虫盛发期在 3 月上旬，4 月中、下旬为 2～3 龄幼虫盛发期，5 月上、中旬为 5～6 龄幼虫盛发期。以 3 龄后的幼虫危害严重。地老虎喜欢温暖潮湿的气候条件，发育适温为 13～25℃，相对湿度 70%，高温不利于发生，10%～20%的土壤含水量最适宜于成虫产卵及幼虫生存。成虫白天潜伏浅土中，夜间外出活动危害，尤其在天刚亮、露水多的时候危害最重，并且成虫对黑光灯及酸甜物质有较强的趋性，老熟幼虫有假死现象，受惊可缩成 O 形。

（3）防治方法

①诱杀成虫：利用成虫对黑光灯和糖、醋、酒的趋性，设立黑光灯诱杀成虫。用糖 60%、醋 30%、白酒 10%配成糖醋诱虫母液，使用时加水 1 倍，再加入适量农药，于成虫期在茄子地内放置，有较好的诱杀效果。

②诱杀幼虫：用 95%敌百虫晶体 150 克，加水 1.0 升，再拌入铡碎的鲜草 9 千克或碾碎炒香的棉籽饼 15 千克，作为毒饵，

傍晚撒在幼苗旁边诱杀，每 667 米^{2}1.5～2.5 千克。或用新鲜泡桐树叶，于傍晚放在有幼虫的茄田，每 667 米^2 放 50 片，早上揭开树叶捕捉。

③药剂防治。地老虎在幼虫 3 龄前，幼虫抗药性差，且尚未入土，暴露在寄主植物或地面上，是用药的关键时期，可选用 90%敌百虫晶体 1 000 倍液，或 2.5%溴氰菊酯3 000倍液，或 50%辛硫磷乳剂 800 倍液，或 20%杀灭菊酯 2 000 倍液及时喷药防治，用 25%亚胺硫磷乳油 250 倍液灌根。虫龄较大时，可用 25%亚胺硫磷乳油 250 倍液，或 80%敌敌畏乳剂 1 000～1 500 倍液灌根。

202. 蛴螬如何危害茄子？怎样防治？

（1）形态及危害特征　蛴螬是金龟子的幼虫，俗称白地蚕、白土蚕、蛭虫等。常见的金龟子有大黑鳃金龟子、白星金龟子、铜绿丽金龟子等，均属鞘翅目金龟科。

蛴螬体肥大弯曲近 C 形，体大多白色，有的黄白色。体壁较柔软，多皱。体表疏生细毛。头大而圆，多为黄褐色，或红褐色，生有左右对称的刚毛，常为分种的特征。胸足 3 对，一般后足较长。腹部 10 节，第 10 节称为臀节，其上生有刺毛，其数目和排列也是分种的重要特征。

蛴螬在国内分布很广，但以北方发生较为普遍，其幼虫终生栖居土中，喜食刚刚播下的种子、根、块根、块茎以及幼苗等，造成缺苗断垄。成虫则喜食果树、林木的叶和花器。

（2）发生规律　蛴螬每年发生代数因种、因地而异。这是一类生活史较长的昆虫，一般 1 年 1 代，或 2～3 年 1 代，长者 5～6 年 1 代。如大黑鳃金龟 2 年 1 代，暗黑鳃金龟、铜绿丽金龟 1 年 1 代，小云斑鳃金龟在青海 4 年 1 代，大栗鳃金龟在四川甘孜地区则需 5～6 年 1 代。蛴螬共 3 龄，1、2 龄期较短，第 3 龄期最长。蛴螬终生栖生土中，其活动主要与土壤的理化特性和温湿度等有关。在一年中活动最适的土温平均为13～18℃，高于23℃，即逐渐向深土层转移，至秋季土温下降到其活动适宜范围时，再移向土壤上层。秋末冬初土温低以后即停止危害，下移越冬，并在翌年4月中旬形成春季危害高峰。因此蛴螬对果园苗圃、幼苗及其他作物的危害主要是春秋两季最重。成虫具有假死性、趋光性和喜湿性，并对未腐熟的厩肥有较强的趋性。

（3）防治方法

①应做好测报工作，调查虫口密度，掌握成虫发生盛期及时防治成虫。

②应抓好蛴螬的防治，如大面积秋、春耕，并随犁拾虫；避免施用未腐熟的厩肥，减少成虫产卵；合理灌溉，即在蛴螬发生严重地块，合理控制灌溉，或及时灌溉，促使蛴螬向土层深处转移，避开幼苗最易受害时期。

③人工捕杀。施农家肥前应筛出其中的蛴螬；定植后发现菜苗被害可挖出土中的幼虫；利用成虫的假死性，在其停落的作物上捕捉或振落捕杀。

④灯光诱杀。在成虫盛发期，每7 000米^{2}菜田设40瓦黑光灯1盏，距地面30厘米，灯下挖坑（直径约1米）、铺膜做成临时性水盆，加满水后再加微量煤油漂浮封闭水面。傍晚开灯诱集，清晨捞出死虫并捕杀未落入水中的活虫。

⑤药剂处理土壤。如用50%辛硫磷乳油每667米^{2}200～250克，加水10倍，喷于25～30千克细土上拌匀成毒土，顺垄条施，随即浅锄，或以同样用量的毒土撒于种沟或地面，随即耕翻，或混入厩肥中施用，或结合灌水施入；或3%呋喃丹颗粒剂，或5%辛硫磷颗粒剂，或5%地亚农颗粒剂，每667米^{2}2.5～3千克处理土壤，都能收到良好效果，并兼治金针虫和蝼蛄。

⑥药剂处理种子。当前用于拌种用的药剂主要有50%辛硫

磷，其用量一般为药剂 1∶水 30～40∶种子 400～500；也可用 25%辛硫磷胶囊剂等有机磷药剂。亦能兼治金针虫和蝼蛄等地下害虫。

⑦毒谷。每 667 米^2 用 25%辛硫磷胶囊剂 150～200 克拌谷子等饵料 5 千克左右，或 50%辛硫磷乳油 50～100 克拌饵料 3～4 千克，撒于种沟中，兼治蝼蛄、金针虫等地下害虫。

203. 温室白粉虱如何危害茄子？怎样防治？

（1）形态及危害特征　白粉虱又称小白蛾，属同翅目粉虱科。体形小，成虫体长 1～1.5 毫米，淡黄色。翅面覆盖白蜡粉。卵长约 0.2 毫米，侧面观长椭圆形，初产淡绿色，覆有蜡粉，而后渐变褐色，孵化前呈黑色。1 龄若虫体长约 0.29 毫米，长椭圆形，2 龄约 0.37 毫米，3 龄约 0.51 毫米，淡绿色或黄绿色，4 龄若虫又称伪蛹，体长 0.7～0.8 毫米，椭圆形。

温室白粉虱除严重危害番茄、青椒、茄子、马铃薯等茄科蔬菜外，也严重危害黄瓜、菜豆等蔬菜。以成虫、若虫吸食植物的汁液，被害叶片褪绿、变黄、萎蔫。该虫群聚危害，种群数量庞大，并分泌大量蜜液，可导致煤污病的发生，造成减产并降低蔬菜商品价值，白粉虱也可传播病毒病。

（2）发生规律　白粉虱在我国北方不能露地越冬，但在温室保护地条件下，每年可发生 10 余代，以各种虫态在温室越冬并继续危害，翌春从越冬场所迁飞至定植大棚或露地菜田危害，10 月份气温降低，又转移到温室中越冬或危害。成虫有趋嫩性，并且对黄色有强烈的趋向性。白粉虱的繁殖适温为 18～21℃，在温室条件下约 1 个月可繁殖 1 代。

（3）防治方法

①农业防治。白粉虱具有寄主范围广、繁殖快、传播途径多、抗药性强、世代重叠等特点，因此防治上应采用以农业防治

为基础进行综合防治。育苗前铲除杂草、残株，彻底熏杀育苗温室残余虫源，通风口安装尼龙纱窗，杜绝白粉虱迁移，培育无虫苗。再将无虫苗定植到清洁的经过熏杀的棚室中。

②物理防治。利用白粉虱成虫对黄色有强烈趋向性的特点，在白粉虱发生初期，将黄色板涂上机油，悬挂在温室、大棚内，位于行间植株上方，诱杀成虫。

③生物防治。人工释放草蛉，1 头草蛉一生平均能捕食白粉虱幼虫 172.6 头；人工释放丽蚜小蜂，丽蚜小蜂主要产卵于白粉虱的蛹和幼虫体内，被寄生的白粉虱 9～10 天后变黑死亡。

④药剂防治。在白粉虱低密度时及早喷药是防治成功的关键。棚室可选用25％杀虫烟剂进行熏蒸，每 667 米^2 用600 克，或 25％扑虱灵可湿性粉剂 1 500～2 500 倍液，或 2.5％溴氰菊酯乳剂 2 000～3 000 倍液，或 2.5％除虫菊酯（功夫菊酯）乳剂2 000～3 000 倍液，10％吡虫啉可湿性粉剂 2 000～3 000 倍液，或 1.8％藜芦碱水剂 800 倍液。每隔 7 天喷一次，连喷 3 次。

204. 二十八星瓢虫如何危害茄子？怎样防治？

（1）形态及危害特征　茄二十八星瓢虫又称酸紫瓢虫，属鞘翅目瓢虫科。成虫体长 6～8 毫米，黄褐色半球形，体表密被黄褐色细毛，触角圆杆状，前胸背板有 6 个黑点，2 个鞘翅上各有 14 个黑点。卵长 1.4 毫米，淡黄色至褐色，卵粒排列较紧密。老熟幼虫体长 7 毫米，初龄幼虫由淡黄色渐变白色。体表多枝刺，其基部具黑褐色环纹。

茄二十八星瓢虫以成虫和幼虫取食寄主叶片、果实和嫩茎。叶片的叶肉被食后残留脉网状表皮，形成许多不规则的透明凹纹，逐渐变成褐色斑痕，严重时导致叶片枯萎，或整叶被食光；

果实受害，被食部位变硬、变苦，失去商品价值。

（2）发生规律　茄二十八星瓢虫在江苏、安徽等地一年发生3代，华中地区一年发生4～5代，福建等地一年发生6代。成虫白天活动，有假死习性，并相互残杀，雌虫产卵于叶片背面，初孵化的幼虫群居危害，随虫龄增大逐渐分散危害，至老熟幼虫在原处或枯叶中化蛹。温度25～30℃、相对湿度75%～85%的条件下最适宜各种虫态生长发育。

（3）防治方法

①人工捕杀。利用成虫假死习性，人工捕捉成虫，收集后消灭；产卵盛期采摘卵块销毁。

②药剂防治。在孵化或低龄幼虫时，可用50%敌百虫可溶性粉剂1 000倍液，或50%辛硫磷乳油2 500倍液，或80%敌敌畏乳油1 500倍液，或杀灭菊酯1 200倍液，或48%毒死蜱乳油800～1 000倍液，或10%联苯菊酯乳油2 000倍液，或5%定虫隆乳油1 500倍液，或2.5%功夫乳油3 000～4 000倍液等药剂喷雾，隔7～10天喷一次，共喷2～3次。

205. 茄黄斑螟如何危害茄子？怎样防治？

（1）形态及危害特征　茄黄斑螟又名茄螟、白翅野螟。成虫体长6.5～10毫米，雌蛾体形稍大，体翅均白色，前翅有4个明显的大黄斑，卵外形似僧帽或水饺状，光滑无纹，卵粒分散。老熟幼虫体长16～18毫米，蛹长8～9毫米，茧壳十分坚韧，茧形多为扁长椭圆形，有丝棱数条，外露部分平滑。

茄黄斑螟以幼虫危害茄子的花蕾、花蕊、子房，蛀食嫩茎、嫩梢及果实，使植株顶部枯萎，落花、落果，并引起烂果，夏季花蕾、嫩梢受害重，造成减产，秋季果实受害重，失去食用价值。

（2）发生规律　茄黄斑螟以幼虫越冬，5月份开始危害，

7～9月份是危害盛期。成虫白天隐蔽，夜间活跃，趋光性弱，发育适温为20～28℃，产卵适温25℃，卵孵化适温为25～30℃，幼虫孵化时，将卵壳侧面咬一孔洞爬出留下卵壳，蛀入花蕾、子房或心叶、嫩梢及叶柄，以后又多次转移蛀入新梢，蛀果幼虫往往不转移，在蛀孔外堆积大量的虫粪。夏季老熟幼虫在茄子植株的中部缀合叶片中化蛹；秋季在枯枝落叶、杂草和土缝里化蛹。

（3）防治方法

①清除虫源：摘除带卵的叶片、钻蛀幼虫的嫩茎和果实，集中烧毁。拉秧后清洁田园，将残枝落叶深埋或销毁。

②采用性诱剂诱杀：在2厘米^{2}滤纸片载体上点100毫克的性诱剂后装进塑料袋内封好，用曲别针固定在铁丝上，再把铁丝悬挂在盛有水的容器上方，即成诱捕器，将此诱捕器架在三角架上，高出植株30～50厘米，诱杀雄蛾效果很好。

③药剂防治：3龄以下幼虫采取喷药防治，可喷21%杀灭毙3 000倍液，或50%马拉松乳油1 000倍液，或20%杀灭菊酯乳油2 000倍液，或80%的敌敌畏乳油1 000倍液，几种药剂交替使用。

206. 蝼蛄如何危害茄子？怎样防治？

（1）形态及危害特征　蝼蛄又名拉拉蛄、地拉蛄、土狗子、地狗子，属地下害虫，我国菜田主要有华北蝼蛄和非洲蝼蛄，均属直翅目蝼蛄科。非洲蝼蛄成虫体长30～35毫米，灰褐色，身体小；华北蝼蛄成虫体长30～35毫米，黄褐色，身体肥大。非洲蝼蛄若虫共6龄，2～3龄后与成虫的形态、体色相似；华北蝼蛄若虫共13龄，5～6龄后与成虫的形态、体色相似。

蝼蛄食性极杂，可危害多种蔬菜，以成虫、若虫在土壤中咬食刚播下的茄种和刚出土的幼芽或咬断幼根和嫩茎，造成缺苗。受害植株根部呈乱麻状，蝼蛄活动时将土层钻成许多隆起的“隧道”，使根系与土壤分离，致使根系失水干枯而死，保护地内由于温度高，蝼蛄活动早，幼苗集中，危害更重。

（2）发生规律　华北蝼蛄约3年完成1代，而非洲蝼蛄在华中及南方每年可完成一代，在华北和东北2年完成1代，华北蝼蛄和非洲蝼蛄都是昼伏夜出，对光、香甜物质和马粪有较强的趋向性，华北蝼蛄还喜欢潮湿的土壤。两种蝼蛄全年活动大致可分为6个阶段：第一阶段是冬季休眠阶段，约10月下旬到翌年3月中旬；第二阶段是春季苏醒阶段，约3月下旬至4月上旬，越冬蝼蛄开始活动；第三阶段是出窝转移阶段，从4月中旬至4月下旬，此时地表出现大量弯曲虚土隧道，并在其上留有一个小孔，蝼蛄已出窝危害；第四阶段是猖獗危害阶段，5月上旬至6月中旬，这是一年中的危害高峰；第五阶段是产卵和越夏阶段，6月下旬至8月下旬，气温升高，天气炎热，两种蝼蛄潜入30～40厘米土层下越夏；第六阶段是秋季危害阶段，9月上旬到9月下旬，越夏若虫又上升到地面补充营养，为越冬准备，这是一年中第二次危害高峰。

（3）防治方法

①农业防治。实行水旱轮作，深耕多耙，施用充分腐熟的有机肥。

②人工诱杀。利用蝼蛄的趋光性，在田间设置黑光灯诱杀；利用蝼蛄对马粪的趋性，可在田间撒施毒饵，具体做法是先将饵料（豆饼、碎玉米粒等）5千克炒香，用30倍的90%敌百虫溶液0.15千克拌匀，加适量的水拌潮，每667米^{2}放1.5～2.5千克。

③药剂防治：每667米^{2}用50%辛硫磷1～1.5千克，掺干细土15～30千克充分拌匀，撒于菜田或开沟施入土壤中。或用25%亚胺硫磷乳油250倍液灌根。

207. 红蜘蛛如何危害茄子？怎样防治？

（1）危害特征　红蜘蛛又名朱砂叶螨、棉红蜘蛛，俗称火蜘蛛、火龙、砂龙等，棚室蔬菜中以豆类、瓜类、茄果类等受害较重。初期下部叶正面出现零星的褪绿斑点，继而叶片严重失绿，变成灰白色，遍布白色小点，并从下部叶片向上部叶片蔓延，这是成、若螨在叶背吸食汁液所致。翻看叶背可见密生红色“小点”，仔细观察，“小红点”有移动现象，这就是造成危害的红蜘蛛。受害严重的叶片，在叶背形成一层“网膜”，是红蜘蛛吐丝结成的蛛丝网。受害植株往往早衰或提早落叶，果皮粗糙，呈灰白色，品质变劣并严重减产。

（2）生活习性　一年可发生12～15代，以成雌螨在枯秆、枯叶、杂草根部、土缝或树皮内越冬，翌春从越冬场所恢复活动，气温10℃以上时开始繁殖、危害，开始时点、片发生，后随繁殖量的增加向四周扩散至全田。高温干旱有利于红蜘蛛发生，生长发育和繁殖的最适温度为29～31℃，相对湿度为35％～55％，管理粗放，植株含氮量高，螨增殖快，危害重。

（3）防治方法　晚秋及时清除田间杂草和枯枝落叶，耕整土地，消灭越冬虫源。天气干旱时增加灌水，可抑制螨类繁殖。增施磷、钾肥，使植株健壮生长，提高抗螨能力。发现红蜘蛛点、片发生，及时用25％的保护地杀虫烟剂每667米^{2}600克熏杀，或用10％浏阳霉素1 500倍液，或1.8％齐螨素3 000倍液喷雾，隔5～7天一次，连续喷2～3次。

208. 蚜虫如何危害茄子？怎样防治？

（1）危害特征　蚜虫又名腻虫、蜜虫，属同翅目蚜科。无翅孤雌蚜体长1.5～1.9毫米，夏季黄绿色，春、秋墨绿色或蓝黑色。有翅蚜孤雌蚜体长2毫米，头、胸黑色。蚜虫喜欢群居叶背、花梗或嫩茎上，吸食植物汁液，分泌蜜露。被害叶部变黄，叶面皱缩卷曲。嫩茎、花梗被害呈弯曲畸形，影响开花结实，植株生长受到抑制，甚至枯萎死亡。蚜虫还可通过刺吸式口器传播多种病毒病，这种危害的严重性，远大于蚜虫的本身。

（2）发生规律　蚜虫繁殖能力很强，一年能繁殖十几代，以卵在越冬寄主上或以成蚜、若蚜在温室内蔬菜越冬或继续繁殖。温暖和较干燥的环境有利于发生，繁殖的适温为16～22℃，北方超过25℃，南方超过27℃，相对湿度达75％以上，不利于蚜虫的繁殖。

（3）防治方法

①消灭虫源。清除田间及其附近的杂草，减少虫源。

②避蚜。利用银灰色对蚜虫的趋避作用，防止蚜虫迁飞到菜田，棚室栽培茄子可以插、挂灰色塑料膜，或覆盖银灰色地膜，以驱避蚜虫。

③黄板诱杀蚜虫。利用有翅蚜对黄色、橘黄色有较强的趋性，棚室栽培也可以利用黄板诱杀蚜虫。在茄子栽培行间悬挂黄色粘虫板或黄色条板（25厘米×40厘米），其上涂上机油，将其插入田间，或悬挂在茄子栽培行间，高于茄子0.5米，每667米^{2}30～40块。

④生物防治。蚜虫的天敌有七星瓢虫、食蚜蝇、蚜蚕蜂等，应选择高效低毒的杀虫剂，并尽量减少农药的施用次数，以保护天敌，控制蚜虫的数量。也可人工饲养天敌，在菜田释放，以控制蚜虫的大发生。

⑤植物灭蚜。烟草研成粉，加少量石灰粉，撒施；辣椒或野蒿加水浸泡1昼夜，过滤后喷洒；蓖麻叶粉碎后撒施，或与水按1∶2混合，煮10分钟过滤后喷洒。

⑥洗衣粉灭蚜。洗衣粉的主要成分是十二烷基苯磺酸钠，对蚜虫有较强的触杀作用。因此，可用洗衣粉400～500倍液灭蚜，

每 667 米^2 用液 60～80 升，喷 2～3 次，可收到较好的效果。

⑦药剂防治。可用烟剂熏蒸，每 667 米^2 用 22%敌敌畏烟剂 500 克，傍晚闭棚前点燃，熏蒸 1 昼夜；或用 10%氰戊菊酯烟剂 500 克，把烟剂均分成 4～5 堆，于傍晚闭棚前点燃，熏蒸 1 昼夜；也可用 10%抗蚜威可湿性粉剂 2 000 倍液，或用 10%吡虫啉可湿性粉剂 1 500 倍液，或 1.8%藜芦碱水剂 800 倍液，或 2.5%联苯菊酯乳油 3 000 倍液，或 50%灭蚜松乳油 2 500 倍液，或 2.5%功夫乳油 3 000～4 000 倍液，20%速灭杀丁（杀灭菊酯）乳油 2 000 倍液，或 10%蚜虱净可湿性粉剂 4 000～5 000 倍液，或 15%哒螨灵乳油 2 500～3 000 倍液等药剂喷雾，每隔 5～7 天喷施一次，连续防治 2～3 次。为避免蚜虫产生抗药性，各种农药要交替使用。

209. 截形叶螨如何危害茄子？怎样防治？

（1）形态及危害特征　截形叶螨，别名棉红蜘蛛、棉叶螨，属蜱螨目叶螨科。成螨雌体长 0.5 毫米，体宽 0.3 毫米；深红色，椭圆形，颚体及足白色，体侧具黑斑。雄体长 0.35 毫米，体宽 0.2 毫米；阳具柄部宽大，末端向背面弯曲形成一微小端锤，背缘平截状，末端 1/3 处具一凹陷，端锤内角钝圆，外角尖削。若螨和成螨群聚叶背吸取汁液，使叶片呈灰白色或枯黄色细斑，严重时叶片干枯脱落，影响生长，缩短结果期，造成减产。

（2）发生规律　每年发生 10～20 代。华北地区以雌螨在土缝中或枯枝落叶上越冬；华中以各虫态在多种杂草上或树皮缝中越冬；华南地区由于冬季气温高继续繁殖危害。翌年早春气温高于 10℃，越冬成螨开始大量繁殖，有的于 4 月中下旬至 5 月上中旬迁入枣树上或菜田危害枣树、茄子、豆类、棉花、玉米等，先是点片发生，后向周围扩散。在植株上先危害下部叶片，后向上蔓延，繁殖数量多及大发生时，常在叶或茎、枝的端部群聚成团，滚落地面被风刮走扩散蔓延。危害枣树者多在6月中、下旬至7月上树，气温29～31℃，相对湿度35%～55%适其繁殖，一般6～8月危害重，相对湿度高于70%繁殖受抑。天敌主要有腾岛螨和巨须螨2种，应注意保护利用。

（3）防治措施

①农业防治。清除田间及地边、地埂、路旁的杂草，集中堆埋，以减少虫源。天旱时，要加强灌溉，适当增加追肥，创造有利于植株健壮，而不利于截形叶螨发生的环境。

②药剂防治。加强田间检查，及时用药剂把截形叶螨消灭在点片发生阶段。可喷洒0.3波美度的石硫合剂，2 000倍5%尼索朗可湿性粉剂水液，10%吡虫啉可湿性粉剂1 500倍液，15%哒螨灵乳油2 500倍液，还可喷2 000倍40%菊马合剂水液。喷药时要喷布叶背后，6～7天喷一次，共2～3次。

210. 网目拟地甲如何危害茄子？怎样防治？

（1）形态及危害特征　网目拟地甲的雌成虫体长7.2～8.6毫米，雄成虫体长6.4～8.7毫米，黑色中略带褐色，一般鞘翅上都附有泥土。幼虫虫体截面为椭圆形，头部较扁。以成虫和幼虫危害茄子幼苗，取食嫩茎和嫩根，影响出苗。幼虫还能钻入根茎取食，造成幼苗枯萎。

（2）发生规律　华北地区每年发生1代，以成虫在土层内、土缝、洞穴内越冬。翌年3月下旬成虫大量出土危害。成虫只能爬行，具有假死性，寿命较长，最长可达4年。虫害一般发生在干旱或较黏重的土壤中。

（3）防治措施

①农业防治。提早播种或定植，错开网目拟地甲发生期。

②药剂防治。可采用爱卡士5%颗粒剂拌种，或用25%喹硫

磷乳油 1 000 倍液喷洒或灌根。

211. 茶黄螨危害茄子的症状是什么？如何防治？

（1）形态及危害特征　茶黄螨又名茶嫩叶螨、阔体螨、半跗线螨，属蜱螨目跗线螨科。虫体很小，肉眼很难看见，雌螨长约 0.21 毫米，椭圆形，较宽。腹部末端平截，淡黄色至橙黄色，表皮薄而透明，因此螨体呈半透明状。体背有一条纵向白带。足较短，第 4 对纤细，其跗节末端有端毛和亚端毛。腹面后足体部有 4 对刚毛。假气门器官向后端扩展。雄螨长约 0.19 毫米，前足体有 3～4 对刚毛，腹面后足体有 4 对刚毛，足较长而粗壮，第 3、4 对足的基节相接。第 4 对足胫、跗节细长，向内侧弯曲，远端 1/3 处有 1 根特别长的鞭状毛，爪退化为纽扣状。卵椭圆形，无色透明，表面具纵列瘤状突起。幼螨半透明，足 3 对，体背有 1 白色纵带，腹末端有 1 对刚毛。若螨长椭圆形，是静止虫态，外面有幼螨的表皮。

茶黄螨食性很杂，为世界性害螨，以成螨和幼螨危害茄科、豆科和葫芦科等绝大多数蔬菜，以茄子危害最大。茶黄螨以成虫和幼虫集聚在茄子的幼嫩部位刺吸汁液危害。上部叶片受害后变小变窄，生长缓慢、畸形，叶背变成黄褐色，有油质状光泽，叶片边缘向下卷，有的还发生龟裂。嫩茎、嫩叶受害变成黄褐色，扭曲变形，直至顶部干枯。花、蕾受害后不能坐果。果实受害果柄、果皮木栓化、黄褐色、无光泽，甚至发生不同程度的龟裂，严重的种子裸露，植株生长缓慢。

（2）发生规律　茶黄螨在温室条件下，全年都可以发生，一年发生多代。北方多在温室或大棚蔬菜上越冬，少数雌成螨可在冬作物或杂草根部等处越冬。第 2 年 5 月份开始危害，以 7～9 月份危害最重，以两性生殖为主，也能进行孤雌生殖，但未受精卵孵化率低。成螨 1～3 天开始产卵，卵散产于嫩叶背面、幼果凹处或幼芽上。温暖多湿的环境有利于茶黄螨的发生，田间主要靠风传播，也可爬行危害。成螨有强烈的趋嫩性，卵和幼虫对湿度要求较高，温度16～23℃，相对湿度80%～90%危害严重。

（3）防治方法

①农业防治。消灭虫源，注意温室和大棚内越冬的茶黄螨，保护地发现有越冬螨应立即喷药防治；蔬菜收获后，清除枯枝落叶，集中烧毁，消灭越冬虫源。

②药剂防治。茶黄螨生活周期较短，繁殖力极强，应特别注意早期防治。可选用下列药剂和浓度：5%噻螨铜可湿性粉剂1 500～2 000倍液、35%杀螨特乳油1 200倍液、20%复方浏阳霉素1 000倍液、20%氯·马乳油2 000～3 000倍液、73%克螨特乳油2 000倍液、25%灭螨锰可湿性粉剂1 500倍液、5%尼索朗乳油2 000倍液、21%灭杀毙乳油2 000倍液、2.5%天王星乳油3 000倍液、25%增效喹硫磷乳油800～1 000倍液、50%敌敌畏乳油800倍液、20%双甲脒乳油1 000～2 000倍液、20%螨卵酯乳油800倍液、50%马拉松乳油500倍液、20%哒嗪硫磷乳油1 000倍液、40%水胺硫磷乳油1 000倍液、25%扑虱灵可湿性粉剂1 500倍液。棚室栽培可用溴甲烷熏蒸。

212. 棉铃虫如何危害茄子？怎样防治？

（1）形态及危害特征　棉铃虫又称棉铃实夜蛾，属鳞翅目夜蛾科。成虫体长15～17毫米，翅长27～28毫米，体色多变化，雌蛾灰褐色，雄蛾灰绿色。卵约0.5毫米，乳白色，半球形，具有网状花纹。老熟幼虫体长30～42毫米，头黄褐色，体色变化很大，由淡绿、淡红至红褐色乃至黑紫色，常见为绿色型及红褐色型。

棉铃虫是茄科蔬菜的主要害虫，以幼虫蛀食蔬菜果实，也取食花、苗、芽、叶和嫩茎等；花蕾受害时，苞叶展开，变成黄绿色，2～3天后脱落。果实受害，果内被食空或蛀成孔道，虫粪留在孔道内外，孔内灌进雨水或冷凝水，引起果实腐烂、脱落。

（2）发生规律　棉铃虫以蛹在土壤中越冬，成虫羽化后白天潜伏在叶背、杂草丛或枯叶中，晚上出来活动。卵散产在嫩叶、嫩茎、果柄等处。每天雌虫可产卵100～200粒以上。孵化后的幼虫危害嫩叶、嫩茎，2龄后开始蛀果，在近果柄处咬成孔洞，钻入果内嚼食果肉和胎座，遗下粪便引起果实腐烂。并有转株、转果危害习性，1头幼虫可危害3～5个果，造成大量落果或烂果。成虫对黑光灯有趋性。幼虫在25～28℃，相对湿度75%～90%时活动旺盛，喜温喜湿性强，具有假死性和自残性。

（3）防治方法

①农业防治。结合中耕或换茬翻耕，或浇水淹地灭蛹。根据虫情测报，在棉铃虫产卵盛期，结合整枝，摘除虫卵烧毁。

②生物农药。成虫产卵高峰期后3～4天，可用B.t乳剂500倍液，或“8010”1 000倍液，或苏云金杆菌或核型多角体病毒喷雾，使幼虫感病而死亡，连喷2次，防效最佳。

③化学防治：卵孵化高峰期，用5%抑太保乳油或5%卡死克乳油1 000倍液喷雾；90%晶体敌百虫1 000倍液；50%辛硫磷乳油1 500倍液；40%菊杀乳油或40%菊马乳油2 000倍液；2.5%溴氰菊酯乳油（敌杀死）、或2.5%功夫乳油、2.5%天王星乳油、5%来福灵乳油、10%氯氰菊酯乳油（兴棉宝或安绿宝）2 500倍液；5%锐劲特浓悬浮剂1 500～2 500倍液细致喷雾。

213. 黏虫如何危害茄子？怎样防治？

（1）形态及危害特征　黏虫属鳞翅目夜蛾科。成虫体长15～17毫米。卵长约0.5毫米，初产的卵为白色，逐渐变为黄色，有光泽。卵粒单层排列成行成块。老熟幼虫体长38毫米。黏虫主要危害茄科、十字花科、豆科蔬菜。幼虫食叶，大量发生时可将叶片全部食光。因其具有迁飞性、杂食性、暴食性，从而成为全国性的重点防治害虫。

（2）发生规律　华北地区每年发生2～4代。黏虫的耐寒力较差。成虫产卵于叶尖或嫩叶、心叶皱缝间，常使叶片呈纵卷。

（3）防治方法

①诱杀成虫。可采用糖醋盆，或杨树枝扎把（成虫白天隐蔽其中），或黑光灯等多种办法诱杀成虫，降低虫口密度。

②药剂防治。在幼虫幼龄期，施用速效性药剂，如20%杀灭菊酯2 000倍液，或25%菊·乐（又名速杀灵）乳油1 500倍液，或20%氯·马乳油3 000倍液，或36%马·阿（又名克虫星）乳油1 000倍液，或20%克螨氰菊（又名灭净菊酯）乳油1 500倍液，或21%增效氰·马（又名灭杀毙）乳油4 000倍液，可及时控制住黏虫危害。

214. 美洲斑潜蝇如何危害茄子？怎样防治？

（1）形态及危害特征　美洲斑潜蝇属双翅目潜蝇科。成虫是2～2.5毫米的蝇子，背黑色。幼虫是无头蛆，乳白色至鹅黄色，体长3～4毫米，粗1～1.5毫米。蛹橙黄色至金黄色，长2.5～3.5毫米。

美洲斑潜蝇是一种寄主广泛、传播快、防治难、危害广而严重的检疫性害虫。其成虫、幼虫均可危害，雌成虫飞翔过程中将植物叶片刺伤，取食并产卵，叶片上布满约0.5毫米的半透明的斑点，成虫产卵有选择高处的习性，以新生叶片为多；幼虫潜入叶片和叶柄危害，产生不规则蛇形白色虫道，幼虫排泄的黑色虫粪交替地排在虫道两侧，虫道的长度和宽度随幼虫生长而增大，终端明显变宽。美洲斑潜蝇具有个体小、繁殖能力强、食量大等特点，偌大一片瓜叶，可在1周左右时间里被吃尽叶肉，仅留上下表皮，致使叶片叶绿素被破坏，影响光合作用，受害重的叶片干枯脱落。

（2）发生规律 美洲斑潜蝇的发生期为4～11月，发生盛期有两个，即5月中旬至6月、9月至10月中旬。生长发育适宜温度为20～30℃，温度低于13℃或高于35℃时其生长发育受到抑制。正常情况下，美洲斑潜蝇一年可完成15～20代，若进入冬季日光温室，年世代可达20代以上。

（3）防治方法 美洲斑潜蝇抗药性发展迅速，对目前市售的多种农药，如有机磷类、有机氯类、菊酯类均有极强的抗性，一旦暴发，危害严重。因此必须引起重视，加强防治。

①强化检疫监管，控制传播蔓延。严格检疫，防止该虫扩大蔓延。北运菜发现有斑潜蝇幼虫、卵或蛹时，要禁止北运。各地要指派专家重点调查和普查，严禁从疫区引进蔬菜和花卉。

②农业防治。将斑潜蝇喜食的瓜类、豆类与其不危害的蔬菜进行轮作，或与苦瓜、芫荽等有异味的蔬菜间作；适当稀植，增加田间通透性；及时清洁田园，把被斑潜蝇危害的作物残体集中深埋、沤肥或烧毁。种植前深翻土壤使掉在土壤表层的卵粒不能羽化。

③物理防治。在成虫始盛期至盛末期，用黄板或灭蝇纸诱杀成虫，每667米^{2}设15个诱杀点，每个点放一张灭蝇纸。

④生物防治。保护和利用斑潜蝇寄生蜂，如姬小蜂、分盾细蜂、潜蝇茧蜂等，对斑潜蝇寄生率较高，不施药时，寄生率可达60%；施用昆虫生长调节剂5%抑太保2 000倍液或5%卡死克乳油2 000倍液，对潜蝇科成虫具不孕作用，用药后成虫产的卵孵化率低，孵出的幼虫死亡。防治时间掌握在成虫羽化高峰的8～12小时，效果更好；此外，植物性杀虫剂绿浪2号、1%苦参素、苦瓜籽浸泡液、烟碱水等对美洲斑潜蝇的防效也较高。

⑤药剂防治。在受害作物叶片有幼虫5头时，掌握在幼虫类2龄前喷洒巴丹原粉1 500～2 000倍液，或1.8%齐螨素（又名爱福丁、阿维菌素、农家乐等）乳油3 000～4 000倍液，或

48%毒死蜱乳油 800～1 000 倍液，或 5%蝇蛆净粉剂 2 000 倍液，或 48%乐斯本乳油1 000倍液等，7～10 天喷一次，连喷 2～3 次。

215. 大造桥虫如何危害茄子？怎样防治？

（1）形态及危害特征　大造桥虫属鳞翅目尺蛾科，成虫体长 16～20 毫米，翅展 40～50 毫米，浅灰褐色。亚基线和外横线黑色，锯齿状，其间为灰黄色宽带，具一暗褐色斑；后翅外横线以内灰黄色，也有一暗褐色斑。老熟幼虫体长 38～49 毫米，头褐绿色，头顶两侧有黑点 1 对。躯体黄绿色，腹部第三、四节上具黑褐色斑。胸足褐色，腹足黄绿色，足端黑色。大造桥虫主要危害茄子、辣椒等蔬菜，以幼虫蛀食叶片和嫩茎。

（2）发生规律　华北地区每年 6～9 月份幼虫零星发生，以蛹在土壤中越冬。

（3）防治方法　目前，生产上一般不单独采取防治措施，多在防治其他害虫时兼治此虫。

216. 沟金针虫如何危害茄子？怎样防治？

（1）形态及危害特征　沟金针虫属鞘翅目叩头虫科，其成虫体长 16～28 毫米，浓栗色。雌虫前胸背板呈半球形隆起。雄虫体形较细长。卵椭圆形，乳白色。老龄幼虫体长 20～30 毫米，金黄色。沟金针虫危害多种蔬菜，以幼虫在土中取食播下的各种蔬菜种子、萌发的幼芽、幼苗的根，使幼苗枯死，造成缺苗断垄，甚至毁种。

（2）发生规律　沟金针虫 3 年完成一代。幼虫期长，老龄幼虫于 8 月下旬在 16～20 厘米深的土层内做土室化蛹，蛹期 12～20 天，成虫羽化后在原蛹室越冬。翌年春天开始活动，4～5 月份为活动盛期。成虫在夜晚活动、交配，产卵于3～7厘米深的土层中，卵期35天。成虫具有假死性。幼虫于3月下旬10厘米、地温5.7～6.7℃时开始活动，4月份为危害盛期。夏季温度高，沟金针虫垂直向土壤深层移动，秋季又重新上升危害。

（3）防治方法

①农业防治。深翻土地，破坏沟金针虫的生活环境。在沟金针虫危害盛期多浇水可使其下移，减轻危害。

②药剂防治。播种或定植时每667米^{2}用5%辛硫磷颗粒剂1.5～2千克拌细土100千克撒施在育苗床或定植沟内，也可用50%辛硫磷乳油800倍液灌根防治。

217. 蜗牛如何危害茄子？怎样防治？

（1）形态及危害特征　蜗牛又名水牛，属腹足纲柄眼目巴蜗牛科。成虫爬行时体长30～36毫米，体外有一扁圆球形螺壳，身体分头、足和内脏囊3部分。头上有2对可翻转的触角，眼在后触角顶端。足在身体腹面，适于爬行。卵圆球形。幼虫体较小，形似成虫。

蜗牛在全国各地普遍发生，但南方及沿海潮湿地区较重。食性杂，主要危害茄科、十字花科、豆科及粮、棉、果树等多种作物。成、幼虫以齿舌刮食叶、茎，造成孔洞或缺刻，甚至咬断幼苗，造成缺苗。

（2）发生规律　每年发生一代，以成、幼虫在菜田、作物根部及房前屋后等潮湿阴暗处越冬，壳口有白膜封闭。在南方3月初开始取食危害，4～5月份成虫交配产卵，并危害多种作物幼苗。夏季干旱便隐蔽起来，不食不动并用蜡状薄膜封闭壳口。干旱季节过后又危害秋播作物，11月下旬进入越冬状态。北方春季活动推迟1个月，冬眠提早1个月。在温室及大棚内发生早，危害期更长。蜗牛喜阴湿，雨天昼夜活动取食，在干旱情况下昼伏夜出活动，爬行处留下黏液痕迹。

（3）防治方法

①农业防治。地膜覆盖栽培，合理密植，及时清洁田园、铲除杂草、适时中耕保墒，注意雨后排水；秋季耕翻土地，使部分越冬成、幼虫暴露于地面冻死或被天敌啄食，卵被晒爆裂；人工诱集捕杀，用树叶、杂草、菜叶等在菜田做诱集堆，天亮前集中捕捉；撒石灰带保苗，在沟边、地头或作物间撒石灰带，每667米^{2}用生石灰50～75千克，保苗效果良好。

②药剂防治。常用的药剂有四聚乙醛、贝螺杀等。一般每667米^{2}用6%四聚乙醛0.5～0.7千克与10～15千克细干土混匀，均匀撒施，或与豆饼粉、玉米粉等混合做成毒饵，于傍晚施于田间垄上诱杀；当清晨蜗牛未潜入土时，用70%贝螺杀1 000倍液，或灭蛭灵或硫酸铜800～1 000倍液，或氨水70～100倍液，或1%食盐水防治。

218. 茄子病虫害无公害防治的原则是什么？

（1）禁止使用高毒高残留农药　严禁使用国家明令禁止的高毒、高残留、高生物富集性、高三致（致畸、致癌、致突变）农药及其混配农药。目前生产上已禁止使用的农药有：杀虫脒、氰化物、磷化铝、六六六、滴滴涕、氯丹、甲胺磷、甲拌磷（3911）、对硫磷（1605）、甲基对硫磷（甲基1605）、内吸磷（1059）、苏化203、杀（治）螟磷、磷胺、异丙磷、三硫磷、氧化乐果、磷化锌、克百威、水胺硫磷、久效磷、涕灭威、灭多威、氟乙酰胺、有机汞制剂、砷制剂、西力生、赛力散、溃疡净、五氯酚钠、呋喃丹、甲基异柳磷、特丁硫磷、甲基硫环磷、灭线磷、硫环磷、蝇毒磷、地虫硫磷、氯唑磷、苯线磷等剧毒、高毒农药，以及其他高毒高残留农药。

（2）有限度地使用部分有机农药　在使用药剂防治时，严格执行国家标准农药合理使用准则，严格执行农药的合理使用量（有效成分浓度或稀释倍数、最高使用限次和安全间隔期）。保护地优先采用粉尘法、烟熏法，注意轮换用药，合理混用。

（3）使用合格农药　所有使用的农药应有农药登记证号或农药临时登记证号、农药生产许可证号或农药生产批准文号，应使用符合质量标准的合格农药。

（4）选用高效低毒低残留农药　用药时必须尽量选用对人安全的高效低毒低残留农药。

219. 茄子病害保护地内防治与露地防治技术有何不同?

与露地相比，保护地具有高湿、高温、封闭和连茬种植的特点，为蔬菜病虫害的周年危害和繁殖提供了适宜的气候条件、越冬场所，有利于病虫害的发生和流行。因此一般保护地较露地的土传性病害（如茄子黄萎病、根结线虫）、高湿病害（如茄子灰霉病、茄子叶霉病等）、细菌性病害（如茄子软腐病）等病害发生严重，并且一些害虫如白粉虱、蚜虫等全年危害蔬菜作物。

虽然保护地适于多种病虫害的发生，但由于保护地处于比较封闭的状态及高效益栽培，除可以采用常规的露地病虫害防治技术外，还可以采用一些新的病虫害防治技术，如生态防病技术、烟雾施药技术、粉尘施药技术、生物防治技术等。

（1）生态防病技术　生态防病技术是采取通风降湿或闭棚增温等技术，造成适于茄子生长而不利于病虫发生发展的温湿度条件，以控制病虫害的发生危害，促进茄子生长发育。生态防病技术主要应用于防治温室和大棚的气传性病害，如茄子灰霉病、叶霉病及白粉病等。

（2）烟雾施药技术　由于温室和大棚比较封闭，施用烟雾剂防治病虫越来越普遍。施用烟雾剂较常规的喷药防治具有以下优势。

①烟雾剂的微粒小，药效能充分发挥。

②棚室中烟剂颗粒可落在各处，能杀死植株叶背和设施骨架上的害虫和病菌孢子。

③不增加棚室内的湿度，以减少诱发病害的机会。

④省工、省力、农药残留低。目前常用的烟雾剂有10%百菌清烟雾剂、45%百菌清烟雾剂、22%敌敌畏烟雾剂、20%速克灵烟雾剂等。

（3）粉尘法施药技术　粉尘施药法就是加工成比农药粉剂更细的粉尘，使其在棚室条件下可以形成飘尘，增加在空气中的悬浮时间，为使农药在蔬菜表面有更多的沉积量，从而提高药效。温室和大棚内湿度大，施用粉尘不用水，药量少，重量轻，减轻施药劳力，可以在棚室密封程度不高的情况下施用。常用的粉尘剂有5%、7.5%、10%的百菌清复合粉尘剂、速克灵粉尘复合剂等。

（4）常温烟雾法　常温烟雾法系在常温下利用高速气流或超声波等将药液破碎成20微米以下的超微粒子，无需对药液加热，这种超微粒子在保护地内喷洒时，可以充分利用棚室内小气候（翻腾气流）充分扩散、长时间悬浮，对病虫害有触杀和熏蒸作用，并可对保护地内部设施实行空间整体消毒*。

---

* 书中所提供的农药、化肥施用浓度和施用量，会因作物种类和品种、生长时期以及产地生态环境条件的差异而有一定的变化，故仅供参考。实际应用以所购产品使用说明书为准。

《专家为您答疑丛书》书目

● **粮食作物类**

优质专用小麦生产关键技术百问百答
优质水稻生产关键技术百问百答
花生生产关键技术百问百答
油菜生产关键技术百问百答
特种玉米生产关键技术百问百答
大豆关键技术百问百答

● **果树类**

北方果树整形修剪百问百答
果树嫁接百问百答
果树育苗百问百答
梨生产关键技术百问百答
李杏生产关键技术百问百答
柑橘优质安全标准化生产百问百答
苹果生产关键技术百问百答
樱桃生产技术百问百答
葡萄生产关键技术百问百答
桃生产关键技术百问百答
龙眼优质栽培百问百答
枇杷生产关键技术百问百答
苹果梨生产关键技术百问百答
冬枣生产关键技术百问百答
草莓生产关键技术百问百答

● **蔬菜类**

绿叶类蔬菜生产关键技术百问百答
葱蒜类蔬菜生产关键技术百问百答
韭菜生产关键技术百问百答
辣椒生产关键技术百问百答
生姜生产关键技术百问百答
番茄栽培新技术百问百答
黄瓜生产百问百答
特菜生产关键技术百问百答
茄子生产关键技术百问百答
马铃薯生产关键技术百问百答
南瓜、西葫芦生产关键技术百问百答
丝瓜、苦瓜生产关键技术百问百答
西瓜甜瓜生产关键技术百问百答
蔬菜制种百问百答
蔬菜嫁接百问百答

● **中药材类**

天麻栽培百问百答
灵芝栽培百问百答
中草药育苗百问百答
人参西洋参栽培百问百答
甘草栽培百问百答

● **食用菌类**

珍稀食用菌生产百问百答
竹荪生产百问百答
银耳生产百问百答
白灵菇、阿魏菇栽培百问百答
优质黑木耳生产技术百问百答
姬松茸、鲍鱼菇栽培实用技术
毛木耳、黑木耳生产百问百答
蘑菇生产百问百答
金针菇生产百问百答
草菇生产百问百答
药用菌生产百问百答
草菇、姬松茸生产百问百答

● **其他**

无公害茶生产关键技术百问百答
农药使用技术百问百答
高效使用化肥百问百答
林木育苗百问百答
花卉育苗百问百答

中国农业出版社　隆兴音像出版社
农业科技 VCD 目录

发行号	光盘名称	片数
近期出版	高产母猪与仔猪饲养技术	2
近期出版	优质稻米无公害生产技术	1
近期出版	优质小麦无公害生产技术	1
近期出版	优质玉米无公害生产技术	1
近期出版	优质棉花无公害生产技术	1
近期出版	优质大豆无公害生产技术	1
近期出版	优质油菜无公害生产技术	1
近期出版	优质花生无公害生产技术	1
近期出版	优质茶叶无公害生产技术	1
V0406	沼气技术与综合利用	4
V0443	优质牧草栽培与综合利用	4
V0451	饲料配制与加工处理技术	2
V0421	畜禽阉割实用技术	1
V0422	畜禽屠宰加工实用技术	1
V0358	怎样办好一个养猪场	1
V0285	科学养猪综合配套技术	3
V0357	怎样办好一个养牛场	1
V0424	怎样办好一个肉牛养殖场	1
V0398	肉牛养殖技术	2
V0425	怎样办好一个奶牛养殖场	2
V0399	高产奶牛饲养技术	1
V0369	怎样办好一个养羊场	1
V0394	高效养羊技术	1
V0361	怎样办好一个养兔场	1
V0383	怎样办好一个肉狗养殖场	1
V0380	宠物犬科学饲养实用技术	2
V0001	肉用犬饲养	1
V0475	如何训练你的爱犬	3
V0375	种草养禽养畜(牛羊兔鹅)	1
V0455	高致病性禽流感防治知识	1
V0423	猪病防治技术	2
V0426	牛病防治技术	2
V0427	羊病防治技术	2
V0415	兔病防治技术	2
V0414	鸡病防治技术	2
V0430	鸭鹅病综合防治技术	2
V0368	怎样办好一个养鸽场	1
V0359	怎样办好一个蛋鸡养殖场	1
V0284	良种蛋鸡饲养配套技术	1
V0356	怎样办好一个肉鸡养殖场	1
V0360	怎样办好一个乌鸡养殖场	1
V0365	怎样办好一个养鸭场	1
V0367	怎样办好一个养鹅场	1
V0378	棚室养殖新技术(鸡鸭蟹鳖)	1
V0381	克氏螯虾(龙虾)养殖技术	1
V0370	怎样办好一个淡水虾养殖场	1
V0364	怎样办好一个养鳖场	1
V0453	鳖的人工繁育与饲养技术	1
V0363	怎样办好一个养蟹场	1
V0379	稻田养殖(鱼鳝蛙鸭蟹)实用技术	1
V0382	怎样养好观赏鱼	2
V0445	金鱼鉴赏与饲养实用技术	1
V0431	淡水鱼养殖技术	2
V0416	淡水鱼疾病防治技术	2
V0452	黄鳝养殖新技术	1
V0474	泥鳅的繁育与饲养技术	1
V0366	怎样办好一个养蛙场	1
V0393	中国林蛙、美国牛蛙养殖技术	1
V0374	怎样养好山鸡和鹧鸪	1
V0401	特养一(快速养鳖家养麝鼠)	1
V0402	特养二(火鸡珍珠鸡丝光鸡红腹锦鸡鹧鸪)	1
V0403	特养三(蓝孔雀蓝狐雪狐水貂)	1
V0404	特养四(香猪黑豚海狸鼠肉鸽)	1
V0405	特养五(蝎子蛇蜗牛蚂蚁)	1
V0362	怎样办好一个养蛇场	1
V0373	怎样养好土元蝎子蚂蚁蜈蚣	1
V0396	苹果园优化改造技术	1
V0448	苹果无公害生产与病虫害防治技术	2
V0432	果树嫁接实用技术	2
V0444	桃无公害生产与病虫害防治技术	2
V0446	梨无公害生产与病虫害防治技术	2
V0449	板栗无公害生产技术	1
V0371	名优西瓜高效益栽培技术	1
V0372	名优甜瓜高效益栽培技术	1
V0117	厚皮甜瓜保护地栽培技术	1
V0433	无公害西瓜甜瓜病虫害防治技术	2
V0392	美国黑提葡萄早藤葡萄栽培技术	1
V0376	名优葡萄高效益栽培技术	1
V0434	葡萄无公害生产与病虫害防治技术	2
V0377	名优草莓高效益栽培技术	1
V0002	大樱桃栽培技术	2
V0470	无公害农产品生产农药使用技术	1
V0469	无公害农产品生产肥料使用技术	1
V0397	蔬菜害虫综合防治技术	1
V0003	大板叶茼蒿苣荬菜抱子甘蓝栽培	1
V0004	绿菜花樱桃萝卜香芹广东菜薹栽培技术	1
V0005	番杏、菊苣、甜椒栽培技术	1
V0112	荷兰豆、结球莴苣栽培技术	1
V0113	石刁柏(芦笋)栽培技术	1
V0114	落葵(木耳菜)菜心栽培技术	1
V0115	青花菜栽培技术	1
V0435	茄子无公害生产技术	1
V0476	无公害茄子病虫害防治技术	1
V0436	辣椒无公害生产技术	1
V0437	无公害辣椒病虫害防治技术	1
V0438	番茄无公害生产技术	1
V0439	无公害番茄病虫害防治技术	2
V0417	黄瓜无公害生产技术	1
V0441	无公害黄瓜病虫害防治技术	2
V0450	日光棚室温光水气肥调控技术	1
V0472	蔬菜育苗与嫁接技术	1
V0447	无土栽培技术	1
V0395	珍稀食用菌栽培技术	1
V0442	食用菌生产技术	2
V0400	十二种特种经济作物(中草药)栽培技术	2
V0440	菊花栽培实用技术	1
V0471	月季栽培实用技术	1
V0473	兰花鉴赏与栽培	1
V0283	迷宗菜	2

注：以上光盘每片 12 元，邮购费为 1～3 片 6 元，4～10 片 10 元，11 片以上 15 元。电话：010－64194869、64195147

邮购地址：北京市朝阳区中国农业出版社　王华勇收　邮编：100026

图书在版编目（CIP）数据

茄子生产关键技术百问百答／程智慧等编著．—北京：中国农业出版社，2006.1（2007.4 重印）
（专家为您答疑丛书）
ISBN 978－7－109－10409－9

Ⅰ.茄…　Ⅱ.程…　Ⅲ.茄子－蔬菜园艺－问答　Ⅳ.S641.1－44

中国版本图书馆 CIP 数据核字（2005）第 127273 号

中国农业出版社出版
（北京市朝阳区农展馆北路 2 号）
（邮政编码 100026）
责任编辑　舒　薇

中国农业出版社印刷厂印刷　　新华书店北京发行所发行
2006 年 1 月第 1 版　　2007 年 4 月北京第 2 次印刷

开本：850mm×1168mm 1/32　　印张：7.75
字数：189 千字　　印数：8 001～14 000 册
定价：10.00 元